U0157673

任景涛

卢炟兴 著

区块链

让数据产生价值

中国商业出版社

图书在版编目（CIP）数据

区块链：让数据产生价值 / 任景涛，卢烜兴著. --
北京：中国商业出版社，2021.8
　　ISBN 978-7-5208-1685-4

　　Ⅰ . ①区… Ⅱ . ①任… ②卢… Ⅲ . ①区块链技术
Ⅳ . ①TP311. 135. 9
　　中国版本图书馆 CIP 数据核字 (2021) 第 131667 号

责任编辑：包晓嫱　佟 彤

中国商业出版社出版发行
（www.zgsycb.com　100053　北京广安门内报国寺 1 号）
总编室：010-63180647　　编辑室：010-83118925
发行部：010-83120835/8286
新华书店经销
香河县宏润印刷有限公司印刷
＊
710 毫米×1000 毫米　16 开　14 印张　200 千字
2021 年 8 月第 1 版　2021 年 8 月第 1 次印刷
定价：58.00 元
＊＊＊＊
（如有印装质量问题可更换）

Block chain（区块链），让数据产生价值

智能手机这一移动智能终端设备的普及，不仅使得人类与互联网拥抱得更加紧密，网上的信息数据也以几何量级暴增。而每个数据的背后都是一个做决定的人，因此，只要掌握了隐藏在数据背后的消费者需求，也就掌握了企业发展的命脉。

拥抱区块链，以数据为核心进行精准化运营，已经成为当下传统产业最热门的话题之一。那么，究竟什么是区块链呢？所谓区块链，就是由区块组成的链。从本质上来说，区块链就是一个账本，只要某个商品、某个行为、某个交易等开始出现，就能产生一个区块，一旦其流动周期被详细记录下来，就能形成一个链。该账本被放到互联网上，任何人都无法拿走和篡改，更无法销毁它。

其实，在早期的金融科技应用中，区块链技术就已经崭露头角，并被业内称为"信任的机器"，构建起了未来的价值互联网。如今，数据已经渗透到每个行业和业务职能领域，成为重要的生产因素。与此同时，社会也已步入扁平化时代，个人信用与品牌变得异常重要。随着社会民间资本流通率的不断提高，人均消费水平也跟着升高，商业体的发展形式也被重新升级。

区块链时代，人与人、人与社会之间的关系变得多元多向。比如，你

1

与商家可能不再仅仅是购买与销售的关系，还有可能是合伙人的关系。要知道，区块链时代，所有的生产关系都会被重组。

区块链时代，投资变得扁平化，多数都是小额的、非专业的。个人的收入变得多元化，任何人都能为你创造收入，当然，你也可以为任何人投资和创收。

区块链时代，人们的认知逐渐升级，一旦判断失误，就可能会丧失财富，继而带来更多的社会问题。

每一次新行业的诞生，都会伴随很多机遇，同时也有很多挑战，犹如生死轮回，需要我们正确面对。虽然如今区块链的发展还处于早期阶段，仍存在很大争议，且真正相信区块链发展前景的人也是少数，但它依然吸引了无数优秀人士的目光。

区块链发展到 3.0 阶段后，已经渗透到社会生活的方方面面，让人们不仅能够摆脱对第三人或机构的依赖，还能节约人力和时间成本，提升效率。行业应用涵盖政府、健康、科学、工业、文化和艺术等领域，此时的区块链平台已具备一定的企业级属性。

在未来的区块链世界中，区块链网络分类会根据特性不同发挥一些不同的角色功能。例如，结算网络 BTC，应用生态网络 ETH、EoS 等。在这些区块链网络中，各生态之间的交互都需要利用跨链技术，包括但不限于跨链资产交换、跨链 Dapp 应用操作。一旦将更多的区块链生态连接起来，就能把"生态孤岛"变成真正意义上的区块链世界，极大地促进区块链生态的发展。

区块链的作用和前景由此可见一斑。因此，在企业发展过程中，我们要顺应时代发展潮流，将区块链充分利用起来，融合到产品生产和销售的各个环节中去。

为了给各读者以帮助，我们特意编写了本书。该书从区块链的基础知识引入，介绍了区块链的基本特征、主要分类、防伪溯源、生态系统的基本要求等，都是区块链的相关热点问题。本书重点突出、语言简洁、容易理解、方法实用，相信一定能给读者带来帮助，促进其思维的改变。

　　企业的发展离不开新科技的运用，而区块链就是新科技之一。在大数据盛行的时代，企业必须将区块链有效利用起来。这是每个有前瞻思维的企业领导者都需要去做的事情。

目 录

第十一章　区块链技术赋能智慧园区

后记

第一章

打造价值互联网的商用级底层操作系统

第一节 互联网：让生活和工作变得更简单

互联网非常神奇，想要准确地给它下定义，确实不容易。其实，给互联网下定义看似复杂，却也非常简单，可以概括为：互联网就是一个遍布世界各地、由亿万台电脑连接而成的网络，能够将原本互不相干的事物连接在一起，而电脑就是网络的节点。通过各种有形无形的"线"，文字、图片、声音等信息就能以最快的速度传递给各个电脑。

比如，在上海工作的某人，给远在纽约的客户发一封电子邮件，一眨眼的工夫，对方就能收到并阅读到信件的内容。而现如今，只要手里有一部手机，动动手指，足不出户就能买到自己想要的商品，互联网的速度与便利由此可见一斑。

一、互联网便利了人们的生活

如今，互联网已深入各地区各行业，为人们的衣、食、住、行提供了便利。

过去，人们对爱情的定义是"车马很慢，书信很远，一生只够爱一个人"。过去，个人的圈子是固定的，认识的人也是有限的。但现在，互联网的出现，让整个世界变得鲜活起来，人类和世界之间实现了紧密联系；各类社交软件的出现，更密切了人与人之间的联系。同时，看视频刷社交软件也成了人们闲来无事打发时间的新方式。

生活中，很多年轻人的日常都是这样过的：

早上醒来后，先躺在床上刷会儿手机，看看抖音，刷刷淘宝、京东等，看看有没有自己想买的东西，或把购物车里的商品付款。

洗漱前，打开美团、饿了么等 App，在上面搜索自己想吃的早餐，然后下单，等待快递员送货上门。

遇到停水、停电、手机话费不够等问题，也可以在线缴费，及时将问题解决掉。

借助"互联网＋"，许多线下商家将自己的服务搬到了线上，消费者可以在线上进行选择和购买，足不出户就能享受到优质的服务和商品。比如，通过美甲服务的客户端，可以让美甲师上门做美甲；通过预约厨师的客户端，食客在家就能享受大厨上门烧制的一顿美餐……

如果要出门参加体验式的交流和活动，互联网也能助他们一臂之力。比如，周末跟朋友一起去商场吃饭、看电影，可以提前在网上买好电影票，选好喜欢的座位，票价还便宜；想出去就餐，可以在美团上查看哪些餐馆有优惠套餐、代金券，以及是否需要在线预约排队等，大大节省了等候时间。此外，购买飞机票和高铁票，预约医院就诊时间和博物馆参观时间……都能在互联网上即刻办理。

在交通方面，借助区块链，人们还可以知道：哪条路畅通、哪条路拥堵，减少等待的时间；可以知道从起点到终点的出行方案，比如地铁、公交怎么坐，如何更省钱等；而找停车位、网约车，也可以通过区块链来解决。

再举个生活中的例子：

某人身上一分钱都没有，只带着手机就出门了。走到路边，看到有人卖包子，就买了几个，然后用微信付款。吃完包子后，他去菜市场买菜，即使只买一根葱，也可以"扫一扫"支付，省去了找零钱的麻烦。此外，坐公交车，骑共享单车，也只需要"扫一扫"，就能付款。

除了电子支付，"扫一扫"的功能还体现在很多方面。

例如，参观景区，观看展览时，古迹和展品下方都有二维码，只要用手机扫一扫，就能浏览到更具体的文字信息或视频，听到语音介绍。讲解形式多样、内容丰富，更有多种语言文字版本，就像身边多了一位导游。

再如，对于商品，尤其是药品、生鲜产品等，用手机扫一扫二维码，消费者就能了解它们是否真伪，有无认证监管码，以及生产运输流程，从而对它们的真伪及安全性作出判断。

二、互联网提高了工作效率

互联网的出现提高了工作效率。比如，过去没有 ATM（自动柜员机）时，要想给亲友转账汇款，通常都要在银行窗口排队，等很长时间。自动柜员机出现后，虽然办理存取款业务比较方便，但依然免不了要等候。而手机银行的开通，只要动动手指，就能转账汇款，大大提高了工作效率。

再如，在生活和工作中，涉及各种证件办理，需要使用这些证件向某机构或个人证明某种资格。这些证件之所以具有证明某种资格的作用，是因为其得到了某个权威机构认可，而检查的一方又相信该权威机构的认可，因此只要能提供类似的证件，就表明你是有资格的。

这种模式就是中心化模式，但其中存在两个重要问题：一是建立信任的成本很高；二是这种信任关系并不可靠。只要是办理过各种证件的人，相信都能理解"建立信任的成本很高"这句话的含义。下面，我们重点谈谈后一种问题，证件最怕伪造，公证机构会花费大量的人力、物力去研究防伪技术，但即便如此，依然存在伪造的可能，比如钱币。

有这样一个故事。

某人问一位知名酒厂老板，你们的主要成本是什么？

老板说，研发。

这人感到很纳闷：几十年来，你们都卖一样的酒，还需要投入资金进行研发吗？

老板说，研发主要研究的就是防伪技术！

其实，只要使用区块链技术，就能在投入很少成本的情况下让数据库中的内容无法被修改，从而有效抑制造假行为。区块链技术能更高效地解决信任问题，让我们的人力和财力更集中于核心业务，提高社会生产效率。

第二节　区块链：让数据产生信任价值

区块链是一种新型结构的数据网络，由多个服务器通过某种协议达成数据共识，通过不可逆的哈希算法转变，就能将数据永久记录在所有服务器中，一旦确认生成就很难被篡改。与传统互联网技术相比，区块链网络的优点是使数据更具信任价值。

从本质上来说，区块链技术就是一种数据库技术，简而言之，就是一种账本技术。账本记录着一个或多个账户的资产变动、交易等情况，是结构最简单的数据库。平常在笔记本上记录的流水账、银行发来的对账单，就是典型的账本。

安全是区块链技术的一大特点，主要体现在两方面：一是分布式的存储架构，节点越多，数据存储的安全性越高；二是其防篡改和去中心化的巧妙设计，人们需要按规则才能修改数据。以网购为例，传统模式是买家购买商品，将钱打到第三方支付平台上，等卖方发货。买方确认收货后，再由买方通知支付机构将钱款打到卖方账户里。由区块链技术支撑的交易模式则完全不同，买卖双方可以直接交易，无须借助第三方平台。买卖双方交易后，系统会用广播的形式发布交易信息，收到信息的平台就会在确认信息无误后将该交易记录下来，相当于所有的主机都为这次交易做了数据备份。即使将来某台机器出现问题，也不会影响数据的记录。

一、区块链技术最大的价值：建立信任

生活中，为了证明信用，我们付出了太多的代价。我们不信任陌生人，只有通过中介才能建立脆弱的信任。那么，怎样才能真正建立人与人之间的信任？

举个例子。

基于对滴滴打车的信任，车主可以将车上的空位租出去，让陌生人乘坐，这也是共享经济发展的第一步。但是，我们却不能像美国人一样用AIrbnb（爱彼迎）等软件将多余的房间租出去，更无法将自己的床位、车库、厨房、电脑等私人闲置物品出租出去。因为我们不信任他人，无法预想这样做会带来怎样的后果。

未来，运用区块链技术，这一切都能实现。到时候，个人的所作所为都会被大数据记录下来，存储在区块链的多个节点上，既无法篡改，也不能修饰；任何人都能用区块链来描绘你的数字画像，都能通过区块链的评分来确定你是否可信；每个人都会有数字画像，个人的行为，比如打车、坐地铁、吃饭、购物等都会形成数据，通过区块链评分来判断你在虚拟世界的信用。

二、区块链，让数据产生价值

区块链是一种新的信任机制。过去，互联网犯罪数量超过了现实生活里的犯罪数量，网络的不可信、数据的不可信、身份的不可信、交易的不可信，都是网络价值实现的巨大"瓶颈"。而运用区块链技术，就能在这种环境下，建立一个信息对称情况下支撑的可信体系。

1.区块链夯实了人类的信任基础。区块链让人类的信任可以基于自己发明的逻辑和数学，这是人类发展史上的首次。这是人类理性的胜利，大大提高了合作能力。

2.区块链创造了信任。储存其中的信息和数据不可篡改，还会被全网

见证，使得信任不需要第三方机构背书，只要点对点，就能自动完成。

3.区块链推动了合作。分布式数据可以实现所有节点信息的共享，而智能合约能够协同交易双方的行为。

随着区块链与金融资本、实体经济的深度融合，传统产业的价值将在数字世界流转，区块链产业生态必将重构，继而推动产业变革的升级。我们有理由相信，"区块链"或将会成为下一代合作机制！

第三节　安卓（移动互联）：让App开发落地变得更简单

随着移动互联网的高速发展，智能手机的大量普及，App 充斥着我们的手机，只要打开手机就能看到各种 App，微信、QQ、支付宝、导航等。手机 App 改变了人们的生活方式，消费理念也随之发生改变，比如过去的报纸、电视、电脑 PC 端等，逐渐转向移动端。

手机 App 不仅为生活提供了便利，方便人们的生活，也成为人们享受生活的一种方式。如今，众多商家已经投身移动互联网，借助手机 App，增强了客户黏性，收获了更多的利润。App 开发已经成为众多商家战略目标和必争武器。

随着 4G 网络和智能终端的相继成熟，由此带来的海量应用，正改变着人们的生活、沟通、娱乐、休闲乃至消费方式。因此，无论是主动出击还是被动接受，移动互联网的浪潮都会对消费者的消费习惯造成冲击。移动互联网为消费群体增加了便捷的消费渠道，无论是主动引领消费者，还是消费者被动体验，都是对移动互联网的一种考验。

移动互联网既是消费者获取信息的平台，也是交易平台，更是消费体验平台。信息的传播速度、质量和安全性等都直接影响着该平台能否快速发展。

如今，手机 App 已经成为智能手机用户不可或缺的一部分，为了满足众多 App 开发的需求，市场上出现了很多 App 开发公司。经过多年的发展，App 已经不再是功能单一的第三方应用，而是能够满足人们多方面的需求。比如，社交 App，如微信、QQ 等能满足各种社交需求；美食 App，能够快速指引人们找到自己喜爱的美食；电子商务平台，如淘宝、京东，能够实现在家购物；更有甚者，某些 App 还可以控制电脑、电视、空调等。

手机 App 的开发，改变了人们的生活方式，也为人们带来了不同于过去的生活体验，让人们的生活更便利、更智能、更多样。只有抓住移动互联大爆发的机遇，紧跟 App 开发步伐，才能抢占市场先机。

第四节　智能合约：让去中心化应用（Dapp）落地变得更简单

1995 年跨领域法律学者尼克萨博提出了"智能合约"的概念。这是一种对现实中的合约条款执行电子化的量化交易协议，总体目标是满足常见的合约条件，比如支付条款、留置权、机密性和执行等，可以最大限度地减少恶意和偶然的异常，最大限度减少对可信中介的依赖。如今，智能合约已经被运用到电子投票和供应链管理等众多领域，前景广阔。

从本质上来说，智能合约是一段程序，以计算机指令的方式实现了传统合约的自动化处理。简而言之，智能合约就是在区块链上资产交易时，触发执行的一段代码。

智能合约程序不只是一个可以自动执行的计算机程序，它还是一个系统参与者，可以对接收到的信息进行回应和储存，也可以向外发送信息和价值。该程序就像一个可以被信任的人，可以临时保管资产，按照事先的规则执行操作。

一、智能合约如何运作？

很多区块链网络使用的智能合约功能类似于自动售货机，运作流程如下：向自动售货机（类比分类账本）转入比特币或其他加密货币，满足智能合约代码要求后，就能自动执行双方约定的义务。这时义务就会以"if then"形式写入代码。例如，"如果 A 完成任务 1，那么，来自 B 的付款会转给 A。"

通过这样的协议，智能合约允许各种资产交易，每个合约都能被复制和存储在分布式账本中。所有信息都不能被篡改或破坏，数据加密确保参与者之间的完全匿名。

当然，虽然智能合约只能与数字生态系统的资产一起使用，不过，很多应用程序也在积极探索数字货币之外的世界，试图将"真实"世界和"数字"世界连接起来。

智能合约是根据逻辑来编写和运作的，只要满足了代码编写的要求，合约中的义务就能在安全和去信任的网络中得到执行。

二、基于区块链的智能合约优势

区块链 2.0 以后提出的智能合约，让区块链应用更具便捷性和拓展性。主要优势体现在如下方面。

（1）将合约以数字化的形式写入区块链，数据无法被删除、不能被修改，只能新增。整个过程透明、可跟踪，保证了历史的可追溯性。

（2）只要满足了合约内容，就能自动启动智能合约的代码，既能避免手动过程，又能保障发行者无法违约。

（3）行为可以被永久记录，能够在一定程度上避免恶意行为对合约正常执行的干扰。

（4）去中心化，避免了中心化因素的影响，提高了智能合约在成本效率方面的优势。

（5）由区块链自带的共识算法，能够构建出一套状态机系统，使智能合约高效运行。

三、智能合约的应用

如今，智能合约已经运用在各区块链网络中。其中，最重要和最受欢迎的依然是比特币和以太坊。虽然比特币网络以使用比特币执行交易闻名，但其协议也可以用来创建智能合约。从本质上来说，比特币提供的是一种编程语言，允许创建自定义智能合约，比如支付通道。

目前，以太坊是最引人注目的智能合约框架，因为它是专门为支持智能合约的使用而创建的。使用 Solidity 语言编程，利用以太坊智能合约框架，就能促进去中心化网络，便于用智能合约处理交易。除了加密货币外，在其他不同行业也出现了用户场景，例如选举、供应链优化、电子商务等。

第二章

区块链——工业4.0的领引者

第一节　究竟什么是区块链

2014 年，"区块链"作为一个去中心化数据库的术语进入公众视野。那么，究竟什么是区块链呢？

一、何谓区块链？

"区块链"是比特币的一个重要概念，由节点参与的分布式数据库系统，既不能被更改，也无法伪造。区块链记录了其代币（token）的每一笔交易，通过这些信息，就能找到每一个地址。

区块链由一串使用密码学方法产生的数据块组成，每个区块都包含着上一个区块的哈希值（hash），从创始区块（genesis block）开始连接到目前区块，形成块链。每个区块都能确保按照时间顺序在上一个区块之后产生，否则前一个区块的哈希值就是未知的。

区块链是比特币的核心创新。

区块链的概念最早可以追溯到 2008 年末，当时一位化名为"中本聪"的神秘人士在论坛中发表了论文《比特币：一种点对点的电子现金系统》，"区块链"的概念第一次出现在了人们的视野。文中提到，为了解决电子货币的安全问题，可由时间戳服务器为一组，以区块形式存在的数据实施哈希（Hash）加上时间戳；各时间戳都将前一个时间戳纳入其哈希中，之后时间戳会对之前的时间戳进行增强，继而形成一个区块链。

二、区块链的通俗理解

无论多大的系统或多小的网站，背后都有数据库。该数据库由谁来维护？通常是谁负责运营这个网络或系统，就由谁来进行维护。比如，如果是微信数据库，就由腾讯团队维护；如果是淘宝的数据库，就由阿里的团队进行维护。很多人都觉得这种方式天经地义，但区块链技术却并非如此。

如果我们把数据库想象为一个账本，比如，支付宝就是一个很典型的账本，任何数据的改变都是记账型的。数据库的维护就是一种简单的记账方式，在区块链的世界也是如此。

区块链系统中的每个人都有机会参与记账，系统会在一段时间内（可能是十秒钟，也可能是十分钟），选出该段时间记账最好最快的人，把这段时间数据库和账本的变化记在一个区块（block）中。这时，可以把该区块想象成一页纸，系统确认记录正确后，把过去账本的数据指纹连接到这张纸上，然后把这张纸发给系统里的所有人。接着，系统会寻找下一个记账又好又快的人，而系统中的所有人都会获得整个账本的副本。这也就意味着，在该系统中，每个人都有个一模一样的账本，这种技术就是区块链技术，即分布式账本技术。

每个人（计算机）的账本都一模一样，权利都相等，即使单个人（计算机）失去联系或死机，也不会引发整个系统崩溃。数据是公开透明的，每个人都可以看到每个账户上的数字变化情况，且数据无法被篡改。

系统会通过自动比较，判定相同数量最多的账本是真的账本，跟别人数量不同的账本是虚假账本。在这种情况下，篡改自己的账本是没有任何意义的，除非能篡改整个系统里的多数节点。如果整个系统只有五个或十个节点还比较容易做到，但如果有上万个甚至上十万个，且分布在互联网的任何角落，除非个人能控制世界上多数电脑，否则就不可能篡改这种大型的区块链。

三、区块链的特性

区块链的特性主要有四个：去中心化、去信任、集体维护、可靠数据库。同时，这四个特性还引申出两个特性：开源、隐私保护。系统如果不具备这些特性，也就不是基于区块链技术的应用。

1. 去中心化

去中心化，是互联网发展过程中形成的一种社会关系形态和内容产生形态，跟"中心化"相对立。在一个分布有众多节点的系统中，每个节点都具有高度自治的特征，节点之间自由连接，就能形成新的连接单元。任何节点都能成为阶段性的中心，但不具备强制性的中心控制功能。节点之间的影响，会通过网络形成非线性因果关系。这种开放式、扁平化、平等性的系统现象或结构，就是去中心化。

去中心化主要有三个优点，如表 2-1 所示。

表2-1　去中心化的优势

优点	说明
容错力	中心化的中心一旦出现问题，其他节点就会全线崩溃。可是，中心化的系统依赖其他节点，其他节点又不可能一起出问题
抗攻击力	去中心化的系统，促使被攻击成本更高。原因在于，缺少敏感的中心点，中心点更容易遭受低成本的攻击，致使攻击中心完全崩溃
防勾结串通	去中心化系统中的参与者不会以牺牲其他参与者为代价，而密谋自己的利益

2. 去信任

参与整个系统中的各节点之间进行数据交换，不用互相信任，整个系统的运作规则公开透明，数据内容全部公开，在系统指定的规则和时间范围内，节点之间是不会相互欺骗的。

区块链系统实现了两个阶段的信任。

（1）对链上数据所表征的历史行为的真实性的信任。即通过对技术手段实现的链上数据的真实性、有效性和数据不可篡改、不可伪造的信任，实现了对数据背后的历史行为的真实性信任。

（2）对以规则和机制为约束的未来行为的信任。在区块链1.0中，主要是对以代码为表征的机制的信任；在区块链2.0中，则是对以代码为表征的智能合约的信任。对机制和智能合约的信任，前提是规则公开、代码公开，同时允许代码本地化编译和运行，且不可被篡改。

3. 开源

整个系统的运作规则必须公开透明，对于程序来说，整个系统必定是开源的。开源社区一般由拥有共同理想与目标的人组成，他们会根据一套公认的协议来维护软件源代码，开源社区是他们沟通交流的必要途径。开源社区的最主要特征是：团队协作、个体平等、主动贡献，这也是开源所体现的精神。开源社区允许每个人参与其中，如此，不仅可以使个体得到锻炼和成长，还有助于解决开源项目遇到的技术问题。开源的本质是共享，包括技术和信息，信息承载了社区的集体意志，而技术则将这种思维变成某种执行规则。

4. 集体维护

系统中的数据块由具有维护功能的节点来共同维护，这些节点任何人都能参与。在去中心化网络体系下，系统的维护和经营不依赖于数据中心等平台的运维和经营，成本几乎可以忽略不计。任何人都能参与区块链的节点，每个节点在参与记录的同时，还能对其他节点记录结果的正确性进行验证，提高效率，降低成本。

5. 可靠数据库

系统通过分数据库的形式，让每个参与节点都能获得一份完整数据库的拷贝。除非能同时控制系统中超过51%的节点，否则单个节点对数据库的修改不仅是无效的，也无法对其他节点上的数据内容造成影响。因此，参与系统的节点越多，计算能力越强，系统中数据的安全性也就越高。

6. 隐私保护

节点之间不用互相信任，自然也就不用公开身份，这样就很好地保护了每个参与节点的隐私。区块链技术可能会限制隐私被侵犯的影响，尽管会泄露一些个人信息。比如，用户可以将个人信息存储在区块链上，并公开个人信息的部分临时信息来接受服务。

第二节　区块链的核心意义是什么

区块链的诞生，源于开发人员试图解决的一个难题：如何创造不可追溯的数字货币。他们将密码学、博弈论、经济学以及计算机科学结合起来，成功创造出一套新工具，用来构建去中心化系统，不仅改变了货币兑换的方式，还可能改变整个世界。

对于区块链，人们的认识不一。有人说，区块链能够颠覆时代，将彻底改变现有的生活方式；也有人说，区块链相当于当年的工业革命，是人类文明史上的又一次变革。在这种大范围吹捧下，区块链技术以一种不可思议的速度火遍世界，并为多数人所接受。

如今，区块链技术被有些人认为可以改变未来，只不过目前该技术还处于萌芽状态，还无法给世界带来实质性的福利。只有在最短的时间里将区块链技术发展成熟，才能将区块链技术应用到更多领域，为人类造福，这也是区块链的根本意义所在。

一、区块链技术的真正价值

加密货币虽然存在很大的不确定性，但却不能因此低估区块链技术的价值。目前，有些项目已经确定区块链技术在全球多数大公司是可行的，但由于对新技术缺乏信心，多数公司还没有取得真正意义的进步，因为它们都没有正确评估区块链带来的价值。区块链的真正价值主要体现在以下几方面。

1. 建立了区块链生态系统

区块链生态系统指的是构成整体的各个部分，以及它们是如何与外部世界相互作用的。比特币生态系统共包括四部分内容：接收支付的用户、生成加密货币的矿商、购买加密货币的投资者以及监控和维护整个系统的开发人员。区块链生态系统的成功取决于参与者背后的精心策划，虽然该生态系统的成员流动性很大，但区块链的使用加速了新业务的出现和发展，需要用监管和法律等框架来处理数据所有权、信息共享、IP所有权、网络安全、数据存储等问题。

2. 区块链解决了商业挑战

区块链技术可用于汽车行业、旅游、医药、能源行业、社交网络、股票市场等众多行业和部门。运用该技术，不仅能顺利迎接更多的商业挑战，还能彻底改变收入来源、支付和供应链。公司关注的是在区块链试点期间复制现有的自动化业务流程，而不是测试能够带来真正好处的业务挑战，选择一个跨越企业边界的试验项目，如果性能是最佳的，完全可以成功地使用区块链。

3. 便于区块链项目的测试

只要进行一个试验项目，对关键性能指标进行识别，生成可观察的业务价值，将目前的性能与期望的结果进行比较，并构建业务用例即可。选用经验丰富的区块链积分器作为关键的合作伙伴，试点项目就可以在6~8周内执行。因为区块链平台要么直接互联，要么通过专门的智能平台互联。

4. 区块链是一个转换工具

这种技术擅长跨越组织任务，可以实现各方之间的信息交换和操作管理，不是目前使用的数据库替代品，而是具有一种独特功能，可以在企业间共享信息，有利于民主化的参与。

5.区块链是一个基本的业务转换器

通过解释区块链来获得高级管理层的支持，是基本的业务转型，实施得当，会对收入和成本造成显著影响，还会影响到多个组织和业务功能。

6.实现了规模生产

要想成功实现区块链，关键在于生态系统的治理和物理边界的数据共享。完成一个成功的试点项目后，要认真考虑以下几个关键，如表2-2所示。

表2-2　规模生产的关键

关键	说明
构建区块链的能力	要想提高能力和建立技能，就要尝试建立区块链单元
信息的共享设计	比如，确定哪些信息将被共享、与谁共享，能够给供应商和买家提供透明度，带来更多的好处
制定规范的企业标准	比如，将要使用的平台、生态系统，需要哪些数据共享标准以及如何控制数据
确定生态系统治理	比如，如何设计区块链网络、谁将参与、如何管理
随着区块链平台的发展而适应	区块链平台没有标准或限制，要跟上它的发展脚步

二、区块链的现实作用

随着区块链概念的普及，越来越多的圈外人士也对区块链产生了兴趣。可是，圈外人士既看不懂，也不关心类似于工作量证明、共识机制、去中心化等技术概念，反而更关心区块链对现实生活的意义。

目前，区块链至少会在以下三个方面大规模落地，并发挥实际作用。

1.区块链是一种由政府推动的公共基础设施

社会生活中的很多东西，比如结婚证，原来我们办理结婚证需要到民政局，需要夫妻双方同时去线下办理，然后会收到一个证件。将来需要用到结婚证的时候，还要带着结婚证实体证件过去，甚至在某些特殊情况下光有结婚证还不行，还要去民政局调取相关证明。

区块链普及后，这种形式可能会发生一些变化。比如，办理完结婚证后，民政局可以把结婚信息发布到区块链上，对外公开，信息不可篡改，第三方需要调取婚姻信息时，只要有当事人的授权，就可以直接在链上获取，不仅简单高效，还不可能造假，完全脱离了实体证件的束缚。甚至，结婚证不需要夫妻双方去民政局办理，只要双方登录政务区块链中的婚姻版块，通过婚姻登记的智能合约，直接输入私钥加上生物识别，就可以办理链上结婚证。

社会生活是区块链落地的大方向之一，利用区块链的公开透明、不可篡改等特点，就能有效实现政务的电子化，使得原本需要线下跑腿、排队办理的业务，直接到链上办理，真正实现政府所说的"最多跑一次"，甚至一次都不用跑。

2. 区块链可以提供"无须信任"、低摩擦的商业环境

传统的商业面临两方面的问题。

（1）中小企业之间相互缺乏信任，合作很难进行。传统的解决方式是从小额试错开始，然后大家慢慢接触，生意做得多了，发现对方是讲诚信的，再慢慢加大合作；最后，有了足够的数据和行为支撑，双方才能达成一定程度的信任。区块链的特点是无须信任，不管双方以前是否有过生意往来，展示的链上专利、固定资产证明、工商证明、财税数据等都天然可信。只要解决了信任问题，就能促进商业交易的增加和财富的增加。

（2）目前，互联网商业已经呈现出明显的巨头化，每个巨头后都有一个大生态，两边的生态不互通，既阻碍了交互的进行和价值的流动，也阻碍了商业的进一步发展。区块链得到普及后，区块链上的生态各方就是平等主体，没有明显的从属关系，多方的合作更具自主权和积极性。各中心

把数据放到链上，通过密码学技术进行管理，当不同的主体需要这些数据时，只要密码对上，就可以通过智能合约自动执行，打破中心化的组织界限，使不同商业主体之间的连接更加紧密，交互更加深入。

3. 区块链为个体赋能，距离"超级个体"又近一步

目前，社会上已经出现了很多"超级个体"。比如，某人一天的直播带货利润可以超过一家上市公司的年利润；某自媒体的影响力远超一家传统的电视台。如此，不仅个人拥有了更多的生产要素，掌握了更多的获利方式，还获得了更多参与利益分配的机会。具体来说，区块链会给我们提供很多的智能合约。如果上面提供的智能合约足够强大，功能足够丰富，个人的创业就会变得异常简单。

如果做公司的股权管理，只要调用相应的股权管理合约即可；如果做公司分红、投票等业务，直接调用相应的智能合约即可；如果公司发行积分，做会员管理、财务管理等业务，也可以调用区块链上的智能合约。

互联网时代，个人崛起的趋势已经很明显；区块链时代，这种趋势会更加明显。

第三节 区块链技术的发展阶段

从区块链技术角度来说，其行业发展共分为三个阶段：区块链 1.0、区块链 2.0 和区块链 3.0，具体如下。

一、区块链 1.0

区块链 1.0，主要是指以比特币为代表的数字化支付，是"可编程的货币"。该阶段，最重要的是建立了一套密码学账本，提供了一套新的记账方法。其不同于传统的记账方式，具备去中心化、不可篡改、不可伪造、可追溯等特点，主要应用场景是支付和流通，典型的代表是比特币，比特币也是区块链发展中最成功的应用。

二、区块链 2.0

区块链 2.0 已经拓展至数字货币与智能合约的结合，但仍限于金融领域应用，主要代表为以太坊（Ethereum）。与 1.0 最大的不同是，在数字货币的基础上加入了智能合约，以此为基础，就能从事其他的应用开发。

在区块链 2.0 中，以太坊相当于一个基础链、一个底层的搭建。以太坊的计划是建成一个全球性的大规模的协作网络，让任何人都能在以太坊上进行运算、开发应用层，赋予区块链很多应用场景和功能实现的基础。

以太坊最大的特点就是智能合约，支持所有人在上面编写智能合约，即以代码形式定义的一系列承诺合同。

智能合约是一套不需要第三方就能保证合同得到执行的计算机编程，

没人能阻止它的运行。签完合同后，谁都不能反悔，只要条件达成，该系统就会自动执行合同中约定的条款。

当然，区块链2.0也有缺陷。比如，无法支持大规模的商业应用开发，交易速度慢，会造成网络的堵塞，使用户无法完成交易。

三、区块链3.0

区块链3.0是由区块链构造一个全球性的分布式记账系统，能够对每个互联网中代表价值的信息和字节进行产权确认、计量和存储，实现资产在区块链上的可被追踪、控制和交易。

区块链3.0超出金融领域，为各行各业提出了去中心化解决方法，有利于实现"可编程的商业经济"。通过区块链，对每一个互联网中代表价值的信息和字节进行产权确认、计量和存储，就能实现资产在区块链上的可被追踪、控制和交易。

区块链3.0会超出金融领域，进入智能化领域。其主要应用在社会治理领域，包括身份认证、公证、仲裁、审计、域名、物流、医疗、邮件、签证、投票等，应用范围扩大到了整个社会，可能成为"万物互联"的最底层协议。

2018年区块链开始进入3.0阶段，但距离真正的3.0还有很长的一段路要走。在迈向3.0的过程中，需要不断测试和改进，包括其经济模型。我们需要根据不同的环境来选择不同的区块链类型。

区块链技术发展的真正目的是推动社会协作网络的发展，展现区块链的价值。在社会协作中，更要运用技术的力量，去掉中间机构带来的信息不对称，建立人与人之间无成本的信任机制，提升最核心的价值交换。

第四节　从互联网的发展看区块链

在互联网发展的整个过程中，互联网只实现了一件事：让数据传输变得更简单。现在，信息交流加快，在互联网基础上，出现了移动互联网。

移动互联网要想获得良好的发展，就需要有一个技术底层，即安卓，该技术让 App 开发落地变得更简单。所以，我们现在离不开网络，离不开里面的应用，也离不开手机。手机最初的功能是打电话，但如今人们却很少用手机打电话……

从区块链技术目前的发展和应用落地来看，在其发展过程中，存在很多问题和障碍，特别在安全、效率、资源和博弈方面有待深入地研究和讨论。区块链技术的未来会怎样？无人可以预言细节，但可以做如下总结。

1. 区块链将成为互联网的基础协议之一

从本质上来说，互联网同区块链一样，也是一个去中心化的网络，并没有一个"互联网的中心"存在。不同的是，互联网是一个高效的信息传输网络，并不关心信息的所有权，没有内生的、对有价值信息的保护机制；区块链是一种可以传输所有权的协议，基于现有的互联网协议架构，能够构建出一种新的基础协议层。从这个角度来看，区块链（协议）或和传输控制协议/因特网互联协议一样，是未来互联网的基础协议，能够构建出一个高效的、去中心化的价值存储和转移网络。

2. 区块链架构的不同分层将承载不同的功能

类似 TCP/IP 协议的分层机构，在统一的传输层协议上，人们发展出了各种不同的应用层协议，最终构建出了今天丰富多彩的互联网。未来，区块链结构必然会在一个统一的、去中心化的底层协议基础上，发展出各种应用层协议。

3. 区块链的应用和发展将呈螺旋式上升状态

如互联网的发展一样，区块链在发展过程中也经历了过热甚至泡沫阶段，并以颠覆式的技术改变和融合了传统产业。区块链作为数字化浪潮下一个阶段的核心技术，其周期将比多数人预想的要长，最终影响的范围和深度也会远超多数人的想象，最终构建出多样化生态的价值互联网，深刻改变社会的结构和人类生活。

第五节　区块链对未来的影响

如今，区块链应用正处于转折点，传统企业正逐步转向用区块链构建实际的商业应用。例如，金融服务和金融科技初创企业正在引领区块链的发展。此外，媒体、电信、生命科学、卫生保健和政府等部门也在扩大区块链倡议并使其多样化。

运用区块链技术，就能用一种安全、高效、透明和具有成本效益的技术为行业提供助力。区块链对于未来的影响，主要体现在如下几个方面。

1. 对业务的影响

目前，区块链已经对业务流程和任务产生了重大影响。国际数据公司（是国际数据集团旗下全资子公司，全称是 International Data Corporation；是信息技术、电信行业和消费科技市场咨询、顾问和活动服务专业提供商）发布的一份新报告预计，到 2022 年，区块链领域的支出预计为 120 亿美元。区块链技术的显著优势之一就是，简化流程，减少各方摩擦，提高透明度。

区块链对业务的影响主要体现在：①利用区块链，企业就能用验证和共享的分类账来保证网络上共享的信息、商品和服务的质量，还能执行业务协议并提高透明度；②区块链增加了网络上各方之间的信任，摆脱中间商；③需要执行大量会计任务的企业，运用区块链提供的透明度，能减少审核员在验证交易中花费的时间；④将区块链技术运用到计划、招募、雇用和面试新员工等工作中，也能提高效率。

2. 对劳动力市场的影响

区块链技术对劳动力就业市场的影响之一是，人工智能和网络服务方面的技术专家成为追捧对象。福布斯的一份报告显示，在过去几年中，对区块链工程师的需求猛增。未来，预计会出现更多的技术专家、机器学习专家、安全和加密专家。同时，还会出现各类非技术职位，例如商务、社区发展经理、财务分析师、记者和作家、市场经理、销售人员和客服，因为这类人员都不太可能被机器代替。但是，区块链技术虽然消除了中介机构的需求，但也会增加一些工作的风险，比如保险、房地产和旅行社等工作。

3. 对金融的影响

未来，运用区块链，可以预防经济危机，甚至稳定世界经济。在金融不发达国家，普通人一般都很难从银行获得贷款，借助区块链，人们就能存储将来可以使用的价值。也就是说，在区块链网络中，交易并不会受到中间人的影响。

4. 对业务场景的影响

可以预见的是，区块链未来必然会对以下应用场景造成巨大影响，如表2-3所示。

表2-3　区块链对业务场景的影响

影响	说明
数字身份	运用区块链开各种证明时，就不会再遇到"证明我妈是我妈"的窘境了。原因在于，个人的出生证、房产证、婚姻证等要想被承认，都需要一个中心节点；一旦跨国，缺少全球性的中心节点，合同和证书就可能会失效。而区块链技术不可篡改的特性，完全可以从根本上改变这一情况。将出生证、房产证、婚姻证等在区块链上进行公证，就能变成全球都信任的东西

续表

影响	说明
产权保护	区块链技术既能保护版权，也有助于创作者更好、更直接地售卖自己的作品，无发行公司的协助。比如，作者把自己的作品放在区块链上，只要有人使用了他的作品，他就能立刻知道；相应地，版税也会自动支付给创作者
商品质量	到超市购买商品，运用区块链技术，就能知道某种商品从生产到流通的全过程，包括政府的监管信息、专业的检测数据、企业的质量检验数据等，对吃到的食物、用到的商品就会更放心
卫生保健	利用区块链，可以建立有时间戳的通用记录存储库，不同的数据库都可提取数据信息。例如，到医院看病，即使换了医院，也不用反复检查，不用为报销医疗费而反复折腾，可以节省时间和开销
旅行消费	例如，使用携程、美团等App来寻找并下单入住酒店和其他服务，各平台从中获得提成。区块链的应用，去除了中间商，能够为服务提供商和客户创建安全、分散的方式，直接实现连接和交易
支付交易	借助区块链，支付和交易就能变得更高效、更便捷。区块链平台允许用户创建在满足某些条件时变为活动的智能合约，当交易双方同意满足其条件时，就能释放自动付款

第三章
区块链制胜的基本特征

第一节 存证：分布式账本确保所有记录不可篡改

分布式账本是区块链的四大核心技术之一，如果说密码学是区块链的基石，那分布式账本就是区块链的骨架。那么，究竟什么是分布式账本？

分布式账本是一种数据存储技术，是一个去中心化的分布式数据库。比如，早些年的淘宝，信息都储存在阿里的大数据库，比较集中，一旦该数据库出现问题，淘宝系统就会崩溃。为了抵御这种潜在风险，阿里将数据分散到多个数据库中，共同储存数据，如果某个数据库出现问题，其他数据库就能代它继续运行，保证淘宝的正常工作。这种分散储存数据的技术，就是分布式数据库。

区块链采用的分布式账本更特殊，其与阿里使用的分布式数据库的主要区别在于，区块链是去中心化的，而阿里是中心化的。阿里使用的中心化数据库，自行维护，用户无权进入，用户要想查看历史数据，需要接入中心服务器发送请求，中心化的巨头可以肆意使用你的数据。而分布式账本则是去中心化的数据库，由多个数据库连接起来，每个数据库权限相同，都可以查看、储存所有的数据。每个人手中都有一个账本，只要发生一笔交易，大家都会共同记录。过一段时间，大家聚在一起，再核对一下账本，只要有人篡改历史记录，立刻就能发现。而且，该账本对大家完全开放，任何人都能参与，只要得到区块链网络的许可，就能成为其中的一个节点。

在区块链中，分布式账本不仅可以让数据具有多个备份，有效防止数据丢失，更赋予了区块链去中心化的特点，可以有效防止数据都集中在巨头手中。

一句话，分布式账本就是区块链的灵魂。

一、为什么区块链不能篡改

区块链的数据结构是由包含交易信息的区块，按照由远及近的顺序有序连接起来的，区块由远及近有序连接在该链条里，每个区块都指向前一个区块。

区块链是一个垂直的栈，第一个区块是栈底的首区块，然后每个区块都被放置在之前的区块上。用"栈"来形象化表示区块依次堆叠这一概念，就可以使用一些术语。例如，"高度"表示区块与首区块之间的距离；"顶部"或"顶端"表示最新添加的区块。

对每个区块头进行 SHA256 加密哈希，可以生成一个哈希值。该哈希值，能识别出区块链中的对应区块。同时，每个区块都可以通过其区块头的"父区块哈希值"字段引用前一区块（父区块）。也就是说，各区块头都包含它的父区块哈希值，由此就能把各区块连接到各自父区块的哈希值序列，创建一条可以追溯到第一个区块（创世区块）的链条。

虽然每个区块只有一个父区块，但可以暂时拥有多个子区块。每个子区块都将同一区块作为其父区块，并在"父区块哈希值"字段中具有相同的（父区块）哈希值，如果一个区块出现了多个子区块，就是"区块链分叉"。

区块链分叉只是暂时状态，只有多个区块同时被不同的矿工（可以理解为一种挖掘区块，同时得到一定数量比特币奖励和交易记账矿工费的计算工作。挖矿，普遍的说法，其工作原理与开采矿物十分相似。中本聪把通过消耗 CPU 的电力和时间来生产比特币）发现时才会发生，但最终只有一个子区块能成为区块链的一部分。虽然一个区块可能有多个子区块，但每一个区块只有一个父区块，因为一个区块只有一个"父区块哈希值"字段可以指向它的唯一父区块。

区块头里包含"父区块哈希值"字段，区块的哈希值也受到该字段的影响。如果父区块的身份标识发生变化，子区块的身份标识也会跟着变化，继而迫使子区块的"父区块哈希值"字段发生改变，从而导致子区块的哈希值发生改变。而子区块的哈希值发生改变又会迫使孙区块的"父区块哈希值"字段发生改变，继而造成孙区块哈希值的改变，以此类推。

一旦一个区块出现了很多代，该区块将不会被改变，除非强制重新计算该区块的所有后续区块，而这种计算需要巨大的计算量。所以，长区块链的存在可以让区块链的历史无法改变，这也是比特币安全性的关键特征。

如果说区块链是地质构造中的地质层或冰川岩芯样品，表层就可能随着季节变化而变化，甚至在沉积之前被风吹走。但是，地质层越深结构越稳，到了几百英尺深的地方，就能看到保存了数百万年但依然保持历史原状的岩层。

在区块链里，最近的几个区块可能会由于区块链分叉所引发的重新计算而被修改。最新的六个区块就像几英寸深的表土层，超过这六块后，区块在区块链中的位置越深，被修改的可能性就越小。超过 100 个区块后，区块链已经足够稳定，Coin base（比特币公司）交易完全可以被支付。由此，几千个区块后的区块链将变成确定的历史，永远不会被改变。

二、区块链上的共识算法

区块链中，交易数据的全网确认依靠共识算法制定的规则，如果想更改数据，就要在规则里寻找漏洞。目前，主流的共识算法有 POW、POS、DPOS、PBFT 等，具体如表 3-1 所示。

表3-1 主流的共识算法

共识算法	说明
POW	POW是Power of Work的简称，即工作量证明共识机制。51%攻击都发生在以POW为共识机制的加密代币中。比特币区块链系统使用的是Pom，通过工作量来竞争记账权利，即多劳多得；工作量与计算机运算能力成正比。51%攻击意味着，攻击者手中掌握的算力已经超过该区块链网络中其他成员的总和，即攻击者手中掌握着51%及以上的算力。如此，攻击者就能抢先一步完成一个更长的、伪造交易的链。而在比特币系统中，只认最长的链。所以，即使是伪造的交易，也能被所有节点认可，假的也能变成真的。可是，51%攻击的成本很大，如果全网算力是100P，矿机价格是1T/8600元，51P矿机购买费用就是：$100P \times 51\% \times 1024 \times 8600$元=449126400，约4.5亿元。攻击成本远大于收益，攻击发生的可能性就会降低，基本为0。虽然51%攻击发生的概率小，但并不意味着不会发生
POS	POS是Power of Stake的简称，即权益证明共识机制。POW是算力为王，而POS却是以权益为主。POS基于哈希运算竞争获取记账权，容错性跟POW一样，是POW的升级。根据各节点所占token的比例和时间，只要等比例降低挖矿难度，就能加快寻找随机数的速度。简而言之，节点记账权的获得容易度与节点持有的权益成正比，节点拥有的权益越多，越容易获得记账权
DPOS	DPOS是Delegated Proof of Stake的简称，即委托权益证明共识机制，是POS的升级。在DPOS中，全部节点会参与选举出一定数量的节点，代替它们进行决策
PBFT	PBFT是Practical Byzantine Fault Tolerance的简称，即实用拜占庭容错算法。全网容错节点数量为（$n-1$）/3，n为全网节点数量，也就是说，全网要想达成共识，需要超过2/3的节点同意

由上可知，区块链上的数据伪造和更改的代价非常高，自然人一般都不会主动发起攻击，这样就从经济利益方面保障了区块链数据的安全性。

第二节　去中心化：信息和利益不再高度集中化

区块链具有去中心化、不可篡改、透明开放等特点。其中，去中心化特征，一直都是区块链技术最典型的特点。

去中心化是区块链最根本的特征，其应用场景需要从去中心化的角度来思考以下几个问题。

一、去中心化的定义和优点

去中心化是随着互联网的发展，逐步形成的现象和结构。用人和社会的关系来比喻，所谓"去中心化"就是每个人都是中心，每个人都能对相连的其他人产生影响，不受任何组织和阶层的管理和制约，社会形态是扁平化、开放化和平等化的。

从应用来看，以电商为例。传统的亚马逊、淘宝、京东等都是大平台，用户和商家都必须依托于此。可是，如今的电商并不需要依存于某个中心平台，可以多点开花，例如微商、社交电商等，平台只是推广的渠道，而不是立足的根本。同样，各种应用也不需要依托单一的 App 形式，可以通过微信、支付宝等获得第三方服务入口，为用户提供服务。

从内容生产来看，去中心化就像 Web 1.0 向 Web 2.0 转变的过程。例如，从传统的杂志、报纸和网站转变为博客、论坛、社区、Twitter、Facebook、自媒体等，从专业生成内容（PGC/PPC）变为用户生成内容（UGC），也就是从"中心化"到"去中心化"的转变过程。

从网络结构上看，去中心化就是一个开源、多元化的网络结构，各节点相互连接和制约，但不受某个中心节点的管制。

去中心化的优点主要表现为以下几方面。

（1）容错力强。传统的中心化系统，一旦中心出现问题，就很容易全线崩溃；而去中心化系统依赖于其他节点，发生意外的可能很小，因为其他节点是不可能同时出问题的。

（2）防勾结串通。去中心化系统中的参与者不会为了自己获利而牺牲其他参与者，能够有效预防勾结串通。

（3）抗攻击力强。去中心化的系统提高了攻击成本，无人敢攻击，自然就提高了抗攻击力。

二、区块链中的去中心化

区块链之所以强调"去中心化"，是因为它是一个特殊的分布式数据库，其特殊就在于"去中心化"。分布式只是一种布局，重点在于任务分配和结果的汇总；而去中心化是一种状态，能够让各节点实现平等、自由的数据交换，这也是去中心化的真正目的。

"去中心化"带来的平等，赋予区块链透明、公开的特性，如果想进行增减或修改，就要告知其他节点，即"全民参与"。

不同于传统的数据存储方式，区块链并不需要统一管理。例如，如果在银行、支付宝等金融机构进行资金的管理和分配，不仅要支付一定的交易费，还会遇到数据篡改的风险。而区块链则是全民参与的，各节点都能参与到管理和维护中，降低成本的同时，提高了安全性。

因此，透明、公开、平等、低成本、高安全性等，就是"去中心化"赋予区块链的显著优势。

三、区块链的去中心化，接受监管

区块链的去中心化就是去中介化。借用区块链就能将用户对第三方机构的信任转化为用户对代码的信任，如此就能让区块链赋能更多场景。比如，信息管理领域、支付领域等。在信息管理领域，个人数据信息相当于商品，能够自由流通，交易流程由数据持有者和数据需求方直接进行交易，区块链是去中心化的，即使没有中介机构参与，交易双方也能完成互信的转账。

去中介化同样接受监管。"去中心化"去的是中央控制方和中介方，而不是监管方，监管节点可以接入任何一个区块链网络。由于区块链的公开透明特性，监管机构反而能更方便地对整个系统的交易数据进行监控。同时，区块链具有防篡改性，交易一旦发生，就不能更改和删除，数据造假的情况也就不会发生了，更有利于监管机构对市场行为的监督。

第三节 开放：区块链的数据对所有人公开

比特币要想获得良性发展，就需要共识主动性，实现自我进化的系统。共识主动性得以实现的前提是，充分进行信息交流，但这种交流不能从参与成员那里获得，因为去中心化往往伴随着对成员信任的消解。参与者相信的不再是某个成员，而是成员所在的系统本身，需要系统自带充分的披露信息功能。因此，比特币网络也就让系统本身的信息公开透明度达到了最大化。

不过，由于只有系统本身可信，系统内部成员并不可信，于是就产生了相对系统其他成员匿名的需求。在设置上具体表现为，用户可以使用各种化名在前台完成多样化操作，但无论使用什么化名，具体操作都要对整个系统公开。这就决定了区块链系统是开放的，除了交易各方的私有信息被加密外，区块链的数据对所有人公开，任何人都可以通过公开的接口查询到区块链数据和开发的相关应用，整个系统信息是高度透明的。

一、何谓区块链的开放性

所谓开放性，就是所有人都能自由加入区块链，并得到所有信息。整个系统高度透明，只有私有信息是加密的。

以比特币网络为例。在系统层面上，比特币网络的信息是完全公开的，各个成员都能借助字符实现信息公开，同时保证信息的安全。

其实，互联网本身就有开放性的特性。例如电商平台，无论用户处于哪个地方，都能在电商平台上查询到所要购买商品的价格、生产厂家等信息。如此，当地商店就无法通过垄断商品信息来抬高物价了。

电商平台消除了信息的不对称，可是一旦电商平台发展起来，市场上就会只剩一两家平台，如此，信息垄断又会成为可能。实力强大的商家会投入巨额广告，让买家更容易看到，普通商家就会因平台信息垄断而形成信任不对等。而区块链的开放性可以有效消除这种不对等。

二、开放性的主要表现

区块链的开放性主要体现在以下几个方面。

1. 账目的开放性

区块链跟传统数据库的根本不同在于，区块链采用的是分布式记账的方式、所有历史记录都对外公开、所有人都能查阅相关记录并进行验证。

账本也是不断进化的，历史上，账本已经出现了很多年，最开始大家记的都是流水账；后来有了公司，才出现了复杂的记账方法。公司规模比较小的时候，账本是公司最私密的东西，只有最高管理层和企业所有者能看到；成为上市公司后，企业的财务报告就是对外公开的，且接受第三方审计。因为这时的企业已经不是某个人所独有的，而是大众所有，所有利益相关者都要知道公司的财务信息，账目自然就会对外公开。

"内部记账＋外部审计"模式产生的信任足以支撑一个资本主义商业文明，一旦区块链的分布式记账得到普及，账目完全对外公开且不可篡改，账目产生的信任就更加深厚了。

作为一种颠覆性的记账方式，区块链分布式记账方式能够对商业生态起到范式革命的作用，最终催生出新的商业文明。

2. 组织结构的开放性

历史经验告诉我们，每一次公司制度的发展都对应着公司组织结构的开放，对应着利益相关者人数的数量级增加。比如，最开始的个体户，股东只有一个人，管理权和收益权都集中在一个人身上；出现合伙企业后，管理权就变得复杂化了，收益权也开始分散，收益由合伙人共享。

有限责任公司、股份公司出现后，管理权进一步复杂化，还出现了权力的代理，即股东把权力委托给管理层，但收益仍然由全体股东共享。这时候，股东人数可以达到200人，收益也由这200人分享。

上市公司出现后，管理权再次复杂化，出现了CEO、董事会和股东大会。虽然有时搞不清楚究竟在公司谁说了算，但股东人数却是增加的，股东数量甚至还会达到10万人。越来越多的普通人会脱离公司管理，直接参与到公司的收益分配中。

通过股票形式，能够将公司的利益相关者拓展到成千上万人；通过Token或持币形式，则能将公司的利益相关者在原有的基础上再扩大一个数量级，且量变还会引起质变。当公司IPO股东人数突破200人时，就能称这家公司为上市公司。不同于非上市公司，它有定期报告制度、接受证监会管理、对公众负责等义务。

一旦公司利益相关者在上市公司层面上升到一个数量级，公司就不仅仅是上市公司，整个底层的经济逻辑就会具有开放性，即开源经济。这种开源，一方面是指公司的代码开源，另一方面也指公司的生产者、消费者、投资者、供应商等利益相关者多位一体。

3. 生态的开放性

开放的账目和组织架构都是最底层的基础，最终目的是构建一个开放生态。在这个生态中，价值传递会越来越容易，成本会越来越低，效率会越来越高，正如当年的社会信息传播，成本会越来越低，效率会越来越高。比如，以太坊。当年，以太坊发展起来后，基于以太坊开发的ERC20代币有成千上万种。这些代币的底层协议相同，相互之间的转账速度非常快，基于ERC 20发行的代币越多，以太坊的网络效应就越强，以太坊的生态就越丰富、越完整。同时，基于以太坊公链的Dapp、应用也慢慢增加，最终形成了一个大的操作系统，使得Token之间的价值转移越来越高效。

第四节　信任：信任源于技术，重构信任体系

区块链的最大特征是，建立了不依赖第三方信任的去中心化交易机制。在中心化里，信任是一种授权，例如微信支付就是腾讯公司对自我资产管理的一种授权。在去中心化里，每个节点都是平等的，信任是建立在机制之上的，而不是第三方或其他人为因素。

区块链打造了一个信任平台，在该平台上，无论操作者是谁，都是值得信任的。如今，"信任危机"越发严重，该技术必然会实现突破性进展。借助区块链，人们不再需要第三方机构颁发证书去证明自己的身份和信息，不用再担心网络上出现的虚假造谣信息，只要信任网络即可。

比如知识产权，以数据的形式记录保存，就会少了产权纷争。平时食用的大米等粮食，借助区块链进行有效溯源，黑心商家就不能继续胡作非为了。信任问题关乎社会的方方面面，全社会信任机制的形成指日可待。

一、区块链让信任变得简单

如今，在公安部门的数据系统中，互联网犯罪数量远超过现实社会中的犯罪数量，网络的不可信、数据的不可信、身份的不可信、交易的不可信等，已经成为网络实现价值的"瓶颈"。借助区块链就能在这种环境下建立一个可支撑的可信体系。

区块链是一种新的信任机制。从 2009 年比特币出现至今，区块链已经经历了三个阶段：第一阶段是以比特币为代表的应用场景，第二阶段是

2.0 的可编程金融，第三阶段是 3.0 的社会智慧城市、数字经济的全面渗透。如今，很多 IT 公司都将自己的从业范围延伸到了智慧城市方面，借助区块链技术，就能为用户提供更好的智能化管理和服务。

二、区块链的信任特定

区块链是一种信任机器，简而言之，区块链的信任主要体现在两个方面：一是数据不可篡改，二是智能合约的自动执行。

1. 数据不可篡改

数据不可篡改，数据本身自然也就具有了可信度。由此，区块链的数据就能被法院当作证据采用，如今这一点已经变成现实。区块链上的数据是公开透明的，所有人都能看到，可以随时查询。未来，一旦区块链成为主流，很多数据都会出现在链上，都会具有公开透明的特性。如此，数据来源和数据维度就会扩大很多，甚至还可能要增加几个数量级，这时候的数据才是真正的大数据。

2. 智能合约的自动执行

智能合约最主要的特征就是自动执行，再加上区块链的去中心化特性，不受任何一方的控制，智能合约不仅是自动执行，还是一种强制执行。订立合同时，如果双方都进行了相应的抵押，基本上就完全可信了。

区块链的不可篡改性以及智能合约的自动执行，为我们提供了一套完全不同的信用，区块链也因此被称为"信任的机器"。值得一提的是，智能合约的自动执行和强制执行作用，能够从根本上改变信任的内涵，不用依赖于对手的人品，仅依靠系统本身就能完成，只要对手在订立合同时提前存放到系统抵押即可。

三、区块链信任的创新点

共识是一个社会的过程，即使缺乏算法帮助，人类也能处理共识问题。中本聪建立了一套共识机制，他认为，银行的中介角色是多余的，可以通过代码代替其地位，让系统通过共识算法就所发生的交易达成共识并记录在区块上。

为了达成共识，区块链系统采用了一套"工作量证明"的机制。简而言之，就是矿工通过大量计算，找到一个符合要求的哈希值，获得记账权；同时，系统发放相应的 BTC 作为奖励。这个过程非常重要，因为区块链不同于互联网信息的高速流通性，是以完整的方式进行保存的，所以每笔交易都会被印上一个时间戳，以此保障交易记录的完整性。

第五节　价值传递：传统资产上链，网络传递价值

如果说蒸汽机解放了人们的生产力，电力解决了基本的生活需求，互联网彻底改变了信息传递的方式，那么区块链或将彻底改变人类社会的价值传递方式。

一、什么是价值传递？

所谓价值传递，就是把交易双方认可的有用物品进行交付转移。该物品既可以是货币，也可以是虚拟的数字货币，或者产权证明，如房产证，甚至还可以是双方都接受的虚拟物品等。价值传递的重要价值在于，只能让受让方拥有价值，转让方没有。我给你一笔钱，我就没钱了，你那里多出一笔钱，才是价值传递。价值必须在交易双方间产生一增一减。

二、现在的互联网不能传递价值

如今，人类正处于一场从物理世界向虚拟世界迁移的历史性运动中，互联网几乎将所有的东西都连接了起来。人类的生活方式也正在向互联网迁移，在互联网上，我们可以阅读、听音乐、看电影、购物、社交等。同时，人类的财富也逐渐开始向互联网转移。

互联网是一条信息高速公路，可以以最快的速度实现信息的传播。从本质上来说，互联网上的信息传输，是一种点对点的信息复制粘贴。我给你传一张照片，其实就是给你复制了一个副本照片，我这边还有一份备份。

这就不是价值传递。

而现实中的货币流通的价值传递，即使是在互联网上的价值传递，依然依赖于中心化的组织背书，比如微信支付、支付宝、银联等。这种方式的弊端在于，存在一定的信用问题、成本高等。

三、区块链能够传递价值

关于这一点，我们以最容易理解的付款这一价值传递行为来说明。

过去，人们如果想付款，一般都会通过银行或微信支付、支付宝等第三方机构来进行，不能直接实现点对点的价值传递。而现在运用区块链技术的 1.0 应用版本，就可以进行全球范围内的迅速支付。

再举个例子。

网络上曾出现过的"怎么证明我妈是我妈"的问题。该问题听起来似乎很荒唐，有些人甚至还认为提问者是没事找事，其实在原有的中心化的组织架构中很好理解。出生证明及亲属关系证明，如出生证、婚姻证等，需要一个中心的节点（如政府部门）的背书，才能被众人承认；一旦跨越了国界，缺少全球性的中心节点就会出现问题。

而随着区块链技术的发展，或许能够解决这个问题。因为区块链具有"去中心化"的特点，所有参与者都能存储信息，不用中心节点来证明；同时，区块链中的信任，是根据数学原理产生的机器信任，无须对人信任。

因此，出生证、房产证、婚姻证等都可以在区块链上进行公证，变成全球信任的东西，任何人都无权修改且可以查询，自然也就能轻松证明"我妈是我妈"了。

虽然现在区块链的发展还处于起步阶段，但因为它是一台产生信任的机器，能够引发生产关系的改变，所以其有着广泛的应用前景。

四、区块链是如何传递价值的

区块链价值的传递，可以从以下两方面来理解。

1.宏观层面

互联网通过去中心化机构担保记录来完成价值传递，区块链通过智能合约来完成价值传递。"智能合约"相当于"中心化机构"，智能合约由机器执行来完成，中心化机构最终是由人来执行完成。二者进行比较，机器的效率更高，且不容易出错、更可信，而人则可能会因为受贿等因素造假。

2.微观层面

互联网上传播的信息可以随意进行复制和粘贴，区块链上传播的信息会给每个信息加上一个所有权，便于进行所有权的传播，即价值传递。其实，给信息加上所有权，就是通过密码学中的密钥技术来实现的。

总之，无论是去中心化的价值传递，还是防伪溯源等，都无法从根本上解决人们的信任问题。而要想解决人与人之间的信任问题，就要先理解并信任区块链。

第四章

区块链独具特色的分类

第一节　公有链

一、何谓公有链

密克罗尼西亚有个神奇的小岛，叫雅浦岛。这里的岛民过着与世隔绝的生活，他们使用的货币流通机制就是去中心化的。这里的"货币"是一种宛如甜甜圈的石头，交易时，两位岛民会围着这块石头宣布买卖，酋长和老人们会为这笔交易做证。有些石头太大，搬不动，日常交易时，绝不会被挪动，只要见证者都记录了这一刻，交易就能生效。如果某位见证者因病去世，也不会影响交易记录的结果；如果交易一方想串通一位见证者抵赖，也不会得逞，因为他无法篡改其他人的账本。

"甜甜圈"的开采成本很高，数量也极其有限，这里的岛民虽然不会像现代人一样将自己的货币记录在银行账本上，但拥有的石头数量和大小也能彰显个人财富的多寡。

这种由公众一起见证记录的交易圈，类似于公有链。这里，酋长和老人就是账本的保管者，他们见证了每一笔交易，而各村落的村民则保管着部分交易账本，只记录自己村里的交易。如今，雅浦岛的商品交易，已经改用美元，但长满青苔的石头依旧堆放在后院或广场中，供游客参观。

那么，究竟什么是公有链呢？

1. 公有链的定义和特点

公有区块链，又称公有链。在公有链中，每个节点都是公开的，每个人都能参与区块链的计算，都可以通过下载得到完整的区块链数据，也称区块链账本；世界上任何人都能读取、发送交易。此外，交易信息还能在区块链上得到有效确认，任何人都可参与共识过程。共识过程决定了某区块可以添加到区块链中，以及目前的正确状态。

公有链的特点主要有以下三点。

（1）所有数据默认公开。与之有关的参与者都会隐藏自己的真实身份，通过公共性来提高安全感，都能看到所有的账户余额和交易活动。

（2）保护用户免受开发者的影响。在公有链中，程序开发者无权干涉用户，对使用他们程序的用户，区块链可以进行保护。

（3）访问门槛低。只要有一台能够联网的计算机，就能访问。也就是说，只要拥有足够技术能力，就能访问。

2. 国内外知名的公有链

国内外，比较知名的公有链有几种，如表 4-1 所示。

表4-1 知名的公有链

公有链	说明
ONT本体	这是全球第一个提出"分布式链网体系"的基础性平台。该平台的优势为：网络本身的分布式账本框架可以实现不同治理模式下的区块链体系，可以跟不同业务领域、不同地区的不同链进行协作，形成各类异构区块链和传统信息系统的跨链、跨系统交互映射。简而言之，该体系提出了一个矩阵式立体网格架构——超融合链网结构
ETP元界	该公有链致力于彻底改变金融服务和交易。元界是一个去中心化的公有区块链项目，其技术架构主要包括智能资产、数字身份和价值中介，社区能够在其公有区块链上开发出基于智能资产的各种金融和生活应用。该项目早期由维优的团队开发和维护，项目达到一定成熟后，维优团队就会在元界区块链上开发baas平台，为企业级用户提供技术和商业等支持

公有链	说明
ADA	ADA，是Cardano项目的产物，中文称为艾达币，第一个可靠的权益证明算法。Cardano是全球首创可以证明公平性和安全性的游戏平台，没有被运营商支配，比较民主。利用该公有链，完全可以创建一个完全透明、不能作弊的全球首家分散型游戏平台。这是一个主要针对资产领域的专用性公链平台，联通了原子世界与比特世界，实现了资产在两个世界间的交互和流转
ADTure 初链	这是一个为高性能行业应用而设计的公有链，各行业的应用都能高效发布智能合约，采用PBFT为基础的底层公链，实现Permissionless PBFT共识，进行高效的合约发布和监控，是一种全生命周期管理工具。该区块链的设计，以设计行业公链为目标，参考了数字广告行业参与者的特点。初链不仅为广告行业提供了未来的、去中心化的应用搭建基础设施，也为区块链行业提供了第一个聚焦的行业应用公链
NEO小蚁	这是一种智能经济分布式网络，其识机制是DBFT，全称为Delegated Byzantine Fault Tolerant。DBFT是对由n个共识节点组成的共识系统，可以提供一定的容错能力，还包括安全性和可用性，不仅能抵抗普通故障和拜占庭故障，还适用于所有的网络环境。在NEO的DBFT共识机制下，大约每20秒就能生成一个区块，交易吞吐量测试可以达到约1000tps，性能优良
Qtum 量子链	量子链是为商业应用而生的区块链。其结合了比特币生态的优势，通过账户抽象层完美兼容包括以太坊在内的各类虚拟机；同时，采用了权益共识机制(POS)，为商业应用落地和分布式移动应用提供无限可能性。不过，这种公有链存在POS机制固有的问题，比如：没有专业化，拥有权益的参与者不一定希望参与记账；容易产生分叉，需要等待多个确认
EOS	EOS是去中心化应用的最强大的基础设施，有很多优势：首先，承载量大；其次，不会产生拥挤；最后，没有交易费用。同时也有不足，比如：建立了临时股东大会制度，出块的永远都是拥有大量代币的用户，用户的贫富差距比较大，很容易形成一个巨头垄断的中心化网络

二、公有链的优点和价值认定标准

公有链通常被认为是"完全去中心化"的，任何人或机构都无法控制或篡改数据的读/写。

区块链通过去中心化，以一种让人信赖的方式，维护着一个可信的数据库账簿。简单来讲，区块链技术就是一种所有人都参与记账的方式，不用注册、授权就可以匿名访问，中立、开放、不可篡改，适用于虚拟货币、互联网金融等领域。

为了确保数据的安全性，公有链会通过代币机制（Token）来鼓励参与者竞争记账。从应用上说，公有链主要包括比特币、以太坊、超级账本、多数山寨币以及智能合约。其中，公有链的始祖是比特币。从一定意义上来说，公有链是世界上最早的区块链，也是目前运用范围最大的区块链。

1. 公有链的优点

从本质上来说，公有链的建立是开放的、共享的，参与者众多，可以进行低成本的去中心化构建和维护，面对的是更大的世界级市场。公有链有两大优点。

（1）可以产生网络效应。公有链是开放的，可以被外界用户应用并产生一定的网络效应。举个例子，A 想出售给 B 一个域名，会涉及一个风险问题：A 卖出了域名，B 却没付款；或 B 已付了款，A 却没有卖出域名，还需要支付 3%~6% 的手续费。其实，只要在区块链上建立一个域名系统，并使用该区块链的货币，就能建立一个费用低于零的智能合约：A 向域名系统销售域名，先支付费用的用户就可以得到该域名，之后就能更快、更高效地在不同行业，用不同资产建立起一个共有链数据库。

（2）保护用户权益免受程序开发者的影响。在公有链中，程序的开发者无权干涉用户，可以保护使用该程序的用户权益。程序开发者之所以愿意放弃自己的权限，原因不外乎这几个：①这件事情，他们做不到，缺少自信和勇气；②被迫去做自己不想做的事情，可以直接说"即使我愿意，也没有能力"。这就是公有链的最大优势。

可见，公有链是中心化或准中心化信任的替代品，其安全由"数字货币经济"维护。"加密数字经济"运用工作量证明以及权益机制等方式，将经济奖励和数字货币验证有机结合在一起，按照一般规则，每个人都可以得到经济奖励。

2.公有链的价值认定标准

当今社会，公有链多不胜数，开发者也是鱼龙混杂，投资公有链时，很多人不免纠结：公有链虽然赚钱快，创造了很多"百倍币"的神话，但公有链行业也存在很多投机者，会让币值一跌千丈。那么，该如何选择真正有价值且可以投资的公有链呢？可以从下面四个维度进行考察。

（1）技术团队有实力。为了保证区块链的安全性、设定区块间的连接方式、保证更高的交易吞吐量，就需要一定的技术。由此，团队不仅要深入理解区块链，还要掌握更高端的互联网技术。极客业余做的公有链一定不如专家团队做出来的，后期的维护和发展更需要技术专家的持续跟进。

（2）社群热度高。投资公有链不仅要看研发团队，更要查看其社群热度，毕竟币价最终看的是：人们买不买账？它的微信群是否活跃？如果群里整天都死气沉沉，这个公有链注定也"活"不了多久；相反，如果公有链社区讨论很活跃，人气很高，至少说明这个公有链具备传递价值的能力，有能力做宣传，跟风者就会众多，币值肯定跌不了。

（3）团队资源丰富。公有链的实力还体现在站在它背后的人，看一个公有链项目，要看是谁在推，即它的合作伙伴。支持者的实力是公有链实力的侧面证明，强大的伙伴不仅可以为项目提供足够的资源，还能更好地掌控局势。

（4）落地应用场景。应用场景，不仅综合体现了公有链开发者和运营者的实力和抱负，也能展现公有链的未来。区块链3.0时代，如果公有链没有应用场景，没有后续项目落地，其未来也着实令人担忧。

第二节　私有链

一、私有链的定义及特点

中本聪发表《比特币白皮书》后，每个人都能参与到比特币系统中，其去中心化记账的特点也成功得到了金融行业的广泛关注，金融机构纷纷向区块链递出了橄榄枝，致力于研究区块链和金融的结合。可是，在具体研究过程中，金融行业对商业数据的隐私要求和节点都设置了准入门槛，与公有链的去中心化、效率较低等特性不相符，继而逐渐出现了相对中心化但效率更高的私有链。

私有链的应用主要集中在企业内部，在企业年度审计等领域发挥着重要作用。此外，得益于私有链运行安全的特点，私有链还被成功运用于某些特殊行业，比如，央行发行数字货币使用的就是私有链技术。

1 私有链的定义

所谓私有链，就是写入权限由某个组织和机构控制的区块链，参与节点的资格会被严格限制。

私有链主要被应用于企业内部，比如数据库管理、审计等；在政府行业也有部分应用，比如，政府的预算和执行或行业统计等，都由政府登记，受公众监督。

私有链为用户提供了一个安全、可追溯、不可篡改、自动执行的运算平台，可以同时防范来自内部和外部对数据的安全攻击。这一点，传统系统一般都很难做到。

私有链，由特定的管理者进行管理限制，只有内部少数人可以使用，信息不公开。

2. 私有链的特点

不同于公有链，要想加入私有链，需要得到相关组织或个人的授权，资质要求较严；在链上数据传输的同时，不需要对节点进行安全检查，信息确认和同步更快，保证了私有链上交易的处理速度，可以满足大型企业日常工作的需求。私有链牺牲了去中心化，但保证了链条运行的高效和安全。在金融领域的项目应用里，私有链具有一定的应用价值。

私有链主要有以下几个特点，如表4-2所示。

表4-2　私有链的特点

特点	说明
交易成本更便宜	要想完成这种交易，只要被几个受信的高算力节点验证即可，并不要数万台笔记本的确认，交易成本更便宜。目前，公有链的每笔交易的费用超过0.01美元，需要重视起来，但从长远来看，随着比特币技术的不断进步，这种情况也会有所改变，借用私有链，很可能会将公有链的费用降低1~2个数量级，基本上跟高效的私有链系统差不多
规则发生改变	运行私有链的共同体或公司可以轻易修改该区块链的规则、还原交易、修改余额。在某些情况下，例如全国土地登记，需要用到该功能；但这种系统不存在，无法让用心不良者在清晰可见的土地上拥有合法所有权，因此，即使在一个不受政府控制的土地登记机构，实践中政府也不会承认
更好的节点连接	节点很好地连接，就能通过人工干预将故障修复；同时，使用共识算法减少区块时间，还能更快完成交易。公有链技术的进步，例如，以太坊1.0概念和后来的权益证明机制，可让公有链达到"即时交易"的目标。但是，很可能会造成延迟误差
交易速度非常快	私有链的交易速度比任何其他区块链都快，甚至接近不是一个区块链的常规数据库的速度。原因在于，即使是少量节点也都具有极高的信任度，不需要每个节点都对一个交易进行验证

特点	说明
更好的隐私保障	交易的参与者读取数据的权限受限，要想公开获得私有链上的数据，非常难。如果读取权限受到限制，私有链还能提供更好的隐私保护
验证者是公开的	验证是公开的，不会出现矿工共谋而致的51%攻击风险

二、私有链的存在价值

私有链和传统应用的数据库没什么差别，但是，如果将公共节点添加到其中，就会得到更多的节点。如此，私有链也就拥有了一个可信账本的最佳途径。该技术取决于"去中心化"的范围力度，力度越大，越适用。

不同于公有链，私有链可以在不颠覆传统金融模式的前提下，改善传统金融模式中存在的一些缺陷。例如，金融机构的工作效率问题、金融欺诈问题等。

1. 私有链的运用

私有链为用户提供了一个安全、可追溯、不可篡改、自动执行的运算平台，可以同时防范来自内部和外部的安全攻击，远胜过传统系统。私有链的应用场景一般都在企业内部，比如数据库管理、审计等。

此外，还有一些特殊的情况，比如政府的预算和执行或行业统计数据，一般由政府登记，但公众有权利进行监督。目前，很多金融企业都在实地应用区块链技术，例如微众银行，采用区块链技术，提高了业务的准确性和业务的清算效率，保证了数据的有效性。

私有链更适合某个组织或企业，多数时候都被运用于企业内部。在实际运用中，企业可以根据自己的需求选择更加适合自己的区块链，提高效率。未来，私有链的应用必然更加广泛。

2. 专家对私有链价值的解读

对于私有链，专家都有不同的解读。这里，我们就举几个例子，如表

4-3 所示。

表4-3 对私有链不同专家的解读

代表	解读
Lisk首席执行官Max.Kordek	相比于中心化数据库，私有链的最大好处就是加密审计和公开的身份信息。没人可以篡改数据，即使发生错误也能追踪错误来源。跟公有链比起来，私有链更快速、成本更低，同时尊重了公司的隐私
omni董事会成员Patrick.Dugan（帕特里克·杜根）	私有链，或叫共享式数据库，可以提高金融机构后台结算流程的效率……长期来看，私有链，特别是基于工作的，都是"系统D"非正式经济活动的重要组成部分，还是大多数全球经济增长的起源
Syscoin开发者Dan.Wasyluk（丹·瓦斯卢克）	私有链为企业提供了一些有趣的机会，可以让企业利用可信任的、透明的性能，开发出内部企业的应用案例。随着智能合约的到来，该技术最终会代替所有中心化的方案
CHEX首席执行官Eugene.Lopin	开放的区块链是拥有一个可信任账本的最佳方法。去中心化的范围越大，越有利于该技术的采用。比特币就能实现这些好处
Yours.Network创始人RyanX. Charles（瑞安·查尔斯）	私有链可以有效解决传统金融机构的效率、安全和欺诈等问题，但也要经过日积月累。私有链并不会颠覆金融系统

第三节　联盟链

一、联盟链的产生

根据访问以及管理权限，可以将区块链分为公有链、私有链和联盟链。其中，公有链是完全自由且公开的区块链，所有人都能进行区块链系统的维护；私有链只为一家企业提供服务；而联盟链则具有更多的限制，能够为多家企业的协作提供服务。

联盟链又称共同体区块链或局域链，是在共识过程中受制于预选节点的区块链，只针对特定某个群体的成员和有限的第三方，内部指定多个预选的节点为记账人，各块的生成由所有的预选节点共同决定，其他接入节点可以参与交易，但不过问记账过程，第三方则可以通过该区块链开放的 API 进行限定查询。当然，为了获得更好的性能，联盟链对于共识或验证节点的配置和网络环境都设定了具体要求。

1. 联盟链的产生

公有链发展于 2009 年，而联盟链大约在 2015 年才开始发展。发展至今，联盟链已经涌现出很多底层技术平台，但各平台对区块链的理解不同，使得各平台的技术、社区等发展也各有不同。

2015 年微众银行开始布局联盟链，之后与合作伙伴共同建立了联盟链开源生态圈，吸引了数万名开发者，参与的企业和机构多达 500 家。微众银行在联盟链上的布局与发展，在一定程度上，可以反映出行业目前的状态。

联盟区块链的产生，可以从联盟链使用的群体了解，主要群体是银行、保险、证券、商业协会、集团企业及上下游企业。如今这些企业已经IT化和互联网化，区块链的使用，进一步提升了它们圈子产业链条中的公证、结算清算业务和价值交换网络的效率，但是，现有区块链的处理性能、隐私保护、合规性等都不能满足它们的业务需求。于是，纷纷改造适合自己的联盟链形态，以分布式账本（DSL）为主，解决了联盟中多个参与方交互的信任问题。

2. 联盟链的本质

所谓联盟区块链，是指其共识过程受到预选节点控制的区块链。可以想象，一个由15个金融机构组成的共同体，各机构都运行着一个节点，为了使各区块生效，需要获得10个机构的确认（2/3确认）。区块链或允许每个人都能读取，或只受限于参与者，或走混合型路线，都是"部分去中心化"。

从本质上来说，联盟链也是一种私有链，只不过它比单个小组织开发的私有链更大，却没有公有链的规模大，是介于私有链和公有链之间的一种区块链。

3. 知名的联盟链

目前，已经出现的联盟链，比较知名的有以下三个。

（1）R3区块链联盟。R3区块链联盟成立于2015年9月，目前已经有40多家国际银行组织加入，成员几乎遍布全世界，主要为银行提供探索区块链技术的渠道以及建立区块链概念性产品。该联盟成立后，召开了一系列研讨会，会议中主要阐述了这样几点内容：①目前，允许银行加入的"初始窗口"已经关闭；②R3使用以太坊和微软Azure技术，将11家银行连接到分布式账本，对自己正在做的事情非常肯定；③该联盟认为，区块链技术受到了世界各地银行的欢迎，有些银行不仅跟 R3 合作探索区块链技术，自己也开始对区块链技术进行调查研究。

（2）超级账本。2015 年 Linux 基金会发起了推进区块链数字技术和交易验证的开源项目——超级账本，加入成员包括荷兰银行、埃森哲等，目标是让成员共同合作，共建开放平台，满足多个行业的用户案例，并简化业务流程。分布式账本技术完全共享、透明和去中心化，适合应用于金融行业，以及其他行业，例如制造、银行、保险等。创建分布式账本的公开标准，实现了虚拟和数字形式的价值交换，例如资产合约、能源交易、结婚证书、成本的追踪和交易。

（3）俄罗斯区块链联盟。该联盟链成立于 2016 年 7 月 1 日，其成员包括支付公司 QIWI、B&N 银行、汉特 - 曼西斯克银行、盛宝银行、莫斯科商业世界银行和埃森哲咨询公司。主要目标是发展区块链概念验证，进行合作研究和政策宣传，创建区块链技术的共同标准；同时，积极与国内监管部门和政府合作。

二、联盟链的优势和劣势

1. 联盟链的优势

无论是私有链、公有链，还是联盟链，都是区块链，只不过不同的链有不同的应用场景而已。那么，与其他两个链相比，联盟链有什么明显的特征呢？

（1）数据不默认公开。只有联盟里的机构及用户才有权访问联盟链中的数据，并不是只要满足访问条件，就能访问联盟链上的信息。简而言之，就是并不是只要有一台联网的计算机就能访问联盟链。联盟链上的信息，只有该联盟链上的节点才能进行读取、修改和访问等。联盟链的应用领域是金融行业，主要群体是银行、保险、证券、商业协会、集团企业及上下游企业。

（2）交易速度很快。跟私有链一样，从本质上来说，联盟链也是一种私有链，节点不多，容易达成共识，交易速度很快。在公有链中，一个新区块能否上链，完全由区块链中所有的节点决定，每笔交易的实现都要经过各节点的确认，处理速度很慢。而对于联盟链来说，新的区块能否上链，只要其中几个权重较高的节点确定即可，大大减少了交易处理时间。

（3）避免节点隐私泄露。联盟链中的各节点都有属于自己的私钥，各节点产生的数据信息只有该节点自己知道，如果节点与节点之间需要进行信息交换和数据交流，就要知道对方的节点私钥。如此，才能在保证信息流通的同时，避免节点隐私泄露。

（4）比较强的可控性。公有链的节点是海量的，一旦形成，就不能篡改。比如，比特币节点太多，要想篡改区块数据，几乎不可能；而联盟链，只要多数机构达成共识，就能对区块数据进行更改。

（5）部分去中心化。不同于公有链，从某个角度来说，联盟链只属于联盟内部的成员所有，且容易达成共识。因为，联盟链的节点数量非常有限。

2. 联盟链的劣势

除了优势，联盟链也有自己的劣势，具体如下。

（1）大型的综合性企业的应用场景灵活性较差，要想启动一个新的联盟，必须经过所有成员的协议批准。可是，大型企业流程多、约束条件繁杂，要想在多个大型企业之间建立这种通用网络，需要花费的时间较多，速度很慢。

（2）联盟链是半中心化结构，很容易遭受恶意玩家的攻击。因此，在有限的节点内，可以假定多个参与者会出现合谋的可能性。

（3）缺少行业统一标准，设定解决方案时，总会遇到各种障碍。但是，目前整个联盟链还没有统一框架。

总之，无论是哪种链，本质上都是去中心化，但现阶段由于行业应用方面的限制，很难达成共识。虽然区块链发展的道路曲折，可是随着技术的不断发展，联盟链完全有可能成为前进道路上最折中的有效路径。

3.联盟链的关键技术难点

目前，联盟链还存在四个需要继续突破的核心技术，如表4-4所示。

表4-4 联盟链需要突破的技术难点

核心技术	说明
高性能	区块链在大规模应用或出现大量数据节点时，性能会急剧下降。目前国内最先进的区块链技术每秒可以处理上万笔交易，但在"双十一"高峰时期，阿里云峰值处理交易速度能够达到每秒30多万笔。这两者的数量级还存在巨大的差距，只有运用高性能关键技术，才能解决这个问题；只有通过高性能的共识算法、高效智能合约引擎，才能提高共识效率与安全性
安全隐私	要想使用联盟链，首先要全面支持我国的加密算法和标准，比如用命名空间隔离的方式在物理层面对业务数据进行分离、更细粒度的隐私交易机制、实现交易可验证但是不可见、基于可信执行环境等技术实现的节点密钥管理和数据加密存储、防止文件被篡改等
高可用性	这种技术主要包括动态成员的准入机制、节点失效后的快速恢复机制，不能整个系统都停下来加节点，可以实时动态；还包括联盟自治管理机制和高效的热备切换机制
高可扩展性	为了各场景的适用，就要使用持多种编程语言；同时，还要支持多类型、多组织形式的数据可信存储和支持跨链协同等

要想解决"区块链+"在大规模应用方面的问题，首先就要解决链上链下的问题。所谓的链上就是区块链，链下就是所有传统的可信信息系统。要想将区块链系统嵌入现在的传统可信系统里，就要保证链上链下数据的协同，以及关联性和一致性。

第五章

区块链与通证经济

第一节　什么是通证经济

"通证经济"，是 2018 年在区块链领域中频繁出现的一个全新名词，是一个新概念，但很多人并不了解究竟什么是通证经济，更无法预知通证经济的前景。

通证经济包括通证模型，不仅可以起到股权退出的作用，还可以进行有效融资，甚至还能进行市场营销。

按照市场经济理论，市场经济就像一只"看不见的手"，引导着市场向合理和公平的方向衍进，还能让资源和生产要素得到优化。而通证项目所依托的主链，也能通过智能合约约束通证项目，为通证的发行和流通创造可信的环境。

一、何谓通证？

在网络通信中，"token"的原意是指"令牌、信令"。在以太网成为局域网的普遍协议之前，IBM 曾经推过一个局域网协议，叫作 Token Ring Network，即令牌环网。网络中的每个节点轮流传递一个令牌，只有拿到令牌的节点，才能通信。其实，该令牌是一种权利或权益证明。

随着区块链概念的普及和以太坊及 ERC20 标准的出现，任何人都能基于以太坊发行自定义 token。其实，除了货币，token 还能代表任何权益证明，可以用其他更恰当的方式来定义：token 是可流通的加密数字权益证明，简称通证。

通证可以代表一切权益证明，从身份证到学历文凭，从货币到票据，从钥匙、门票、积分、卡券，从股票到债券……人类社会的文明就建立在权益证明之上，所有的账目、所有权、资格、证明等都是权益证明。将这些权益证明全部数字化和电子化，并以密码学来保护和验证其真实性、完整性和隐私性，必将促进人类文明的发展。

二、何谓通证经济

1. 什么是通证经济？

英文表达是 Token Economy，翻译过来就是"通证经济"，即把通证充分用起来的经济。通证启发和鼓励大家把各种权益证明，比如门票、积分、合同、证书、资质等全部拿出来通证化，放到区块链上流转，让市场自动发现其价格。同时，这些也是在现实经济生活中可以验证和消费的东西。

通证经济是一个通证化的经济。在该经济体中，重要的价值、权益都会被通证化，借助区块链或可信的中心化系统，该体系就能顺利运行起来，把数字管理发挥到极致。

通证经济把人类的数字管理能力推到了全新高度，不仅颠覆了中间商，还颠覆了股份制公司、组织结构及利益的分配关系。

通证经济是一种新兴的经济模式，要想快速获得业界的认可及应用，需要区块链技术的支持。

2. 通证经济的作用

通证经济的作用主要体现在以下几方面。

（1）推动点对点商业模式发展。传统的互联网平台，通常是先推出免费产品让用户使用，继而获取用户；然后，通过投放广告、增值服务等方式，借助互联网边际效应趋近于零的现象运作，得到超高盈利。缺点在于，会出现用户隐私泄露、虚假数据诱导等问题。通证经济时代，公司发行"通证"，就能基于相关者的利润分配，吸引更多用户，持有通证的用户数越多，通证越值钱。

（2）加速自治性组织社区的诞生。去中心化的商业模式发展，依靠的是社区力量，即一群人在一起做同一件事情。在社区中，只要拥有通证，每个人都是不可或缺的一分子。通过智能合约对分配、协作机制的设立，就能更准确、更高效地为同一个目标奋斗。由此，就能诞生一种自由、独立、平等的自治性组织社区。

（3）解决中小企业诸多问题。今天，市场竞争日趋激烈，中小企业面临吸引人才难、品牌推广成本高、客户流失严重等问题。通证经济的加入，就能有效解决这些问题，实现转型升级，带来更大的社会效益和经济效益。

第二节 通证经济的主要特征

一、通证经济的主要特征

通证经济的特征主要表现为以下几点。

（1）表示价值所需的唯一性。不管是可互换通证，还是不可互换通证，或其他提议中的通证标准，都展示了区块链的一个重要特征：表示价值所需要的唯一性。在数字世界中，我们无法像拥有现金一样直接将钞票拿到手上，必须借助银行等信用中介，由银行账本来记录具体的钱数。比特币系统带来的区块链技术第一次把"唯一性"普遍地带入了数字世界，以太坊的通证将数字世界中的价值表示功能普及开来。

（2）不能篡改。通证经济最容易被理解的特性，就是它的不可篡改性。不可篡改是基于"区块＋链"的独特账本形成的，要想修改一个区块中的数据，需要重新生成它之后的所有区块。现在常用的文件和关系型数据，只有采用特别设计，才能将系统的修改痕迹记录下来。区块链账本采用的设计不同于文件和数据库，借鉴了现实中的账本设计，留存着记录痕迹。因此，无法不留痕迹地修改账本，只能修正账本。

（3）社区化共存。企业是一系列契约的联结，从本质上来说，企业代替市场就是一套契约体系对另一套契约体系的替代。传统的公司制就是一套契约体系，包括与员工的雇用合同、与经销商的分销合同、与供货商的采购合同等。在公司制的框架下，组织的边界一般都比较清晰。但是，在区块链时代，组织边界却非常动态和柔性。人与人之间可以基于项目、智能合约、通证等进行动态协作，不一定要约束在封闭的组织边界内。

（4）智能合约。从比特币到以太坊，区块链最大的变化是智能合约。比特币系统是专门为一种数字货币而设计的，其 UTXO 和脚本可以处理一些复杂交易，但局限性很大。智能合约的出现，基于区块链，两个人不仅能进行简单的价值转移，还可以设定复杂的规则，由智能合约自动自治地执行，极大地增加了区块链的应用可能。

（5）去中介化。信息和信任的不对称，直接导致了信息中介、金融中介、产业中介等的出现，每多一层中介，就会分走生产者创造的部分财富。互联网打破了信息的不对称性，区块链打破了信任的不对称性，基于此，获将实现对传统中介体系的重塑。区块链从业者的目标，就是要让这些中介成为基础设施。

（6）基于可信账本。区块链技术的本质是通过分布式的可信账本，提高协作效率。区块链时代的组织，必然要使用这种账本的协作，需要将企业、员工、上下游、消费者等之间的协作都放到链上进行数据共享，实现公开、透明的记账，并进行公平合理的价值分配。

（7）通证化。通证是价值互联网的价值媒介，区块链时代的价值表达符号必然通证化。虽然没有区块链也能有通证，但是以区块链技术为基础的通证，具有更强的流动能力与可信度。通证的好处在于：不能篡改、无限分割、高速流转、智能分账、全程可溯。

（8）开放治理。区块链时代的组织是社区型的，需要体现多个利益方的诉求，需要让更多的利益方参与到治理活动中。也就是说，要通过区块链实现公开、透明的治理，实现"具备链上治理思维—治理上链—链上治理"的过渡。

二、通证经济是下一代互联网的数字经济

通证启发和鼓励大家把各种权益证明，比如门票、积分、合同、证书、点卡、证券、权限、资质等全部拿出来通证化，放到区块链上流转，放到市场上交易，让市场自动发现其价格。同时，在现实经济生活中也可以进行消费、验证，是可以使用的东西，是紧贴实体经济的。所以，所谓的通证经济就是把通证充分用起来的经济。

通证经济能够带来新一轮数字经济革命，理由如下。

（1）提高流通速度。区块链上的通证可以快速流转，远超过去的点卡、证券、积分和票等。而且，借助密码学技术，这种流转和交易异常可靠，大大降低了发生纠纷和摩擦的可能。在"互联网＋"时代，通证的总流通速度是最重要的经济衡量指标之一，当个人、组织的通证都在飞速流转、交易的时候，生产和生活方式将完全改变。

（2）价格发现更灵敏、更精细。随着通证的高速流转和交易，各通证的价格都将在市场上获得迅速确定。通证经济更灵敏、更精细，能将有效市场甚至完美市场推到每一个微观领域中。仅围绕通证的智能合约应用就能激发出多种创新，其创造的创新机遇、掀起的创新浪潮，将远超过去计算机和互联网时代的总和。

（3）承诺书面化、通证化和市场化。通证的供给充分市场化，高度自由，任何人、任何组织、任何机构都可以基于自己的资源和服务能力发行权益证明。同时，通证运行在区块链上，可验证、可追溯、可交换，具有极高的安全性、可信性和可靠性。所以，组织和个人都能轻松把自己的承诺书面化、通证化和市场化。

基于这三点，我们有理由相信，通证就是下一代互联网新经济的关键。

第三节　通证与区块链的关系

随着区块链定制开发概念的普及，和以太坊及其订立的 ERC20 标准的出现，任何人都能基于以太坊发行自定义的 token。区块链和通证两者之间的关系主要表现为以下几方面。

1.通证是区块链最好的应用

区块链可以运用于很多应用，包括公证、记账、记信息等，但最好的应用还是发行可信的数字凭证，即通证。通证不仅拥有电子化支付的便利性、流通性和全球性，还可实现 7×24 小时全天候市场交易，更能通过可靠技术在区块链上无法造假。由此得出，通证可以代表各种价值。

从本质上来说，通证要解决的问题是：社群通过代码决定什么行为要受到实时激励、什么行为要被实时惩罚、怎样确保激励和惩罚的公平性和公正性。区块链技术可以对现有商业模式及社会关系进行重塑。

迄今为止，数字通证经历了两个阶段：第一阶段，数字通证与原来的经济体系发生结合，与传统金融、传统产业融合在一起；第二阶段，数字通证自成体系，吸引传统经济形态嵌入数字通证体系，主导着整个经济社会的演变。

通证经济之所以具有如此大的威力，最核心的价值就是带来了流动性的质变，可以让行业受益。与传统股权相比，通证最深刻的改变就是流动性的提升，可以进一步完善市场发行机制，降低协作成本，继而消除信息不对称等问题。

2. 区块链是通证最好的平台

通证和区块链是相互独立的。但没有通证的区块链，只是企业用户数据的升级；没有区块链的通证，人们也不会相信。只有将两者结合在一起，才能实现最佳应用。区块链能提供最强的安全保证及信任传递能力，为通证打造最好的支撑平台，是发行及运行通证最好的基础设施。

3. 通证是区块链实现经济激励的主要方式

人类文明发展到今天，共经历了三种机制：第一种是暴力胁迫，第二种是荣誉激励，第三种是经济激励。区块链不能进行暴力胁迫和荣誉激励，主要是通过经济激励来促进协作。在区块链的世界里，经济价值是用通证来表达的。

4. 通证建立在区块链的激励层之上

通证建立在区块链的激励层之上，让人类大规模进行组织和协作变为可能。

通证的用途有很多，是所有权和收益权的一种凭证，只不过通证还具有货币的属性，能够跨时空进行全球流通，这也是通证和普通证券的根本区别。

区块链技术，不仅适合于加密的去中心化电子凭证，还适用于发行、登记和流转通证，能够实现价值转移，通过智能合约赋予通证丰富的、动态的用途和价值。

区块链是一个能够交易和流转的基础设施，可以为通证提供高流动性的环境，能够快速交易和流转。

区块链是个天然的密码学基础设施，可以利用密码学为通证提供可靠的安全性。

区块链是去中心化的，能够解决人为篡改交易记录、阻滞流通、影响价格、破坏信任等问题。

第四节　通证经济的应用模型

通证，是设计者根据行业状况设计出来的，只有尽量不依赖于法币的置换路径，才能避开法律风险。企业初期，羽翼还没丰满，采用这种模式发展，一定不要踩法律、法规和政策等雷区。急于走流动性，忽略了权益性的健康发展，是非常危险的。

从区块链发展的趋势来看，通证经济将是行业应用场景的主流，一旦国家建立了数字资产交易平台，通证完全可以作为数字资产在国家交易平台进行合法交易变现。

区块链带来了通证方案的新玩法，比如数字化、匿名、可追溯甚至可以无中心驱动，极大扩展了通证系统的可用性，下沉了通证系统的应用场景门槛。

通证经济就是人类共识的数字化。不过，目前还处在萌芽阶段，可供借鉴的模式和方法很少，实践和技术落地还非常困难。而且，通证经济的模式不是一成不变的，会随着行业的发展、公司业务的调整而变化。

通证经济的应用模型主要有以下几个。

1. 溯源模式

溯源模式的 Token 主要来自食品安全的上链追溯。利用区块链的分布式账本和数字加密技术，可以对物联网采集的食品或农产品数据进行加密上链和分布式储存，并将各食品链条上的节点通过 Dapp 进行公钥加密确认上链，最终通过消费者实现溯源闭环。

2. 积分模式

这种模式比较特殊。积分类似于虚拟货币，很多区块链其实都在做积分。但是，通证经济下的积分模式，是基于消费者的消费和行为进行吸引、激励和刺激的，可以为用户提供差异化服务和关怀，适合零售、快消、3C 耐用品等行业。

3. 服务模式

这是一种分布式的服务合约，通过服务合约的数字化和支付结算的代币化，可以实现自带激励机制、代币增值的分散式共享经济生态。该模式适合按需、按次呼叫的服务，比如外卖、家政、地产中介、售后上门等。

4. 货币模式

通证经济的货币模式，本质上就是数字加密代币，最典型的就是比特币。货币模式下的代币，可以用于点对点支付和结算、对资产 Token 的定价，也可用于资金的流通、消费的激励、投资理财份额管理等方面。

5. 内容模式

内容模式的 Token 可以围绕内容创作、知识版权、艺术版权实现分布式账本和货币化，实现内容真伪、版权追溯，实现创作人、评论人、收藏人等为主体的产业共识价值。

6. 储存模式

利用闲置的宽带和储存空间，实现宽带共享和分布式存储，供有需要的人或机构使用，获得对方给出的 Token，实现与存储、宽带的结合，是一种共享经济应用场景模式。

7. 粉丝模式

将娱乐圈中的偶像、网红、大 V 打造成娱乐链的 Token，延伸至商品、打赏、服务、票务等场景，就能形成一个分布式娱乐价值协议。这种模式适合娱乐产业。

8. 矿机模式

基于"矿机＋币"的模式，用户和投资人可以用矿机进行挖矿，获得平台专属的数字代币，兑换或交易专区收益。该模式适合于硬件制造商。

9. 数据模式

通过数据 Token 将个人数据货币化，将数据控制权和收益权还给个人。该模式适合接触和管理海量用户数据的企业，或海量用户入口的流量平台。

10. 资产模式

这是一种上链的数字资产，包括实物资产和加密资产的上链数字化，也可能是数字加密的所有权、使用权、经营权、收益权或数字权益。

第五节　构建"区块链+通证经济"的社区共同体

通证化的未来是无限复杂的，但只要将通证化分为数字创造者和数字社区两个群体，就可以预见通证经济的未来。

数字创作者，一般都是具备一定观众或粉丝基础的领导者，包括有影响力的人、思想领袖甚至品牌。在这种情况下，领导者可以决定将自己和他们的听众通证化。

数字社区或去中心化自治组织，通常都是作为一个民主管理的个人集体运作的，类似于自由职业者的集体、会员俱乐部，甚至本地化政府。今天，多数通证社区都存在于 Web3 世界，基本上属于 DAO 框架之一。多数传统在线内容创作者，比如 YouTuber，只能通过广告和赞助来获得收入。可是，观众或粉丝都不希望自己被广告轰炸，即使创造了收入，也可能惹恼观众，甚至迫使粉丝停止追随创作者。

通证化则为创造者提供了一种全新的赚钱方式，还能以一种更加定制化、侵入性更小的方式与合作伙伴、赞助商和粉丝形成更牢固的联系。

一、典型的"区块链＋通证经济"社区共同体

典型的"区块链＋通证经济"社区共同体，一般都具有以下几个特征。

（1）社群共同体。不管是拼多多，还是云集，都在利用消费者的力量进行生态建设，只不过消费者没有参与生态系统增值的分配而已。社群共同体的关键，是让消费者也参与到生态增值的分配中。区块链经济是一种

社群经济，关键是把消费者角色转化为生态共建者，主动承担起投资者、推广者、生产者等角色，充分发挥消费者的力量，这种范式就是"社群共同体"。一旦区块链和通证经济全面落地，信息不对称与信任不对称就会被全部打破。

（2）产业共同体。在产业互联网领域，如果消费、流通、生产、设计、采购等各环节实现了在线化与互联化，就会形成一批产业互联网平台；如果核心企业与产业上下游甚至消费者都实现了在线化的连接，就会带来新型的协作范式。基于区块链共享账本，基于通证经济实现利益共享，就有希望打造新型的产业共同体。

（3）公链经济体。公链是核心的基础设施且不分国界，只要把握了公链的话语权，就有希望掌握未来全球的金融话语权。

二、"区块链＋通证经济"重构生产关系

生产力决定生产关系变革。人类经历了个体生产、家庭生产、合伙制、私营制、公司制、股份制，在区块链的下一个阶段，我们将进入新的生产关系——"通证经济"阶段。

通证经济如同其他的生产关系一样，都是生产力发展导致的自然结果，其实质是生产关系的变革。所谓通证经济是一种激励机制，来改变生产关系的价值驱动经济模型，本质是要通过激励方式协调生产关系之间的组织形式，让有钱的出钱、有力的出力，关系不再那么泾渭分明，实现了人与人之间大规模的强协作，同时可获得相对应的奖励以及权益凭证。"通证"作为一种信任保障，是实现这种关系变革的有效途径。

通证加上区块链去中心化的特点，使得价值能够在可信的区块链网络中高效、自由地流通，用户在其中既是股东，又是员工，还是消费者，基于这样的通证生态改变了传统的生产关系。区块链解决了陌生人的信任问

题，通证经济促进了区块链的应用繁荣；区块链需要通证去完成内部激励体系的构建，从而完成经济系统的构建。它让整个系统效率提高，成本降低，利润最大化。

三、"区块链＋通证经济"社区共同体的创建和禁忌

要想打造"通证经济＋经济社区"共同体，关键在于设计通证经济系统。理想的设计并不在于通证，而是经济系统。首先要明确，要设计的经济系统是如何运转的、成长逻辑如何？通证之所以能够升值，主要在于短期是基于预期和炒作。如果是总量恒定的货币通证，一定要看其经济体的GDP与通证使用场景；如果是收益权通证，一定要看其有多少种收益来源、增长潜力如何。通证经济系统设计的前提是，明确经济体成长的逻辑。

当然，设计"区块链＋通证经济"社区共同体，要避免以下几个禁忌。

（1）软顶。数字本位币的升值要直接或间接受限于某个"顶"，比如，某区块链项目发行了通证A，该通证的价值与现实世界中某产品或服务的价值相近，无论该区块链项目如何发展，通证A的价值都会受到无形牵制，无法突破这个"顶"。

（2）坐庄。所谓坐庄，就是没有实质业务，没有改进生产关系，靠发币上位坐庄，靠市场操作营利。

（3）无中心。治理者权力不够集中，权力碎片化、板块化，多中心之间长期处于混战中。

（4）舞弊。在关键博弈点上，出现严重漏洞，使得一方可以作弊，谋取私利。

（5）奇点。如果整个系统中存在奇点，就无法持续健康发展。

（6）乌托邦。没有治理，没有协商，更没有设定争议解决机制。

（7）复杂度。游戏规则太复杂，系统无法实现，用户不理解。

（8）中心黑箱。系统存在中心化黑箱，重要决策不透明。

第六章

区块链的数据存储与防伪溯源

第一节 区块链的数据存储

区块链存储是一种相对年轻的技术，但依然以很快的速度受到了人们的欢迎。在确定这项技术是否适合你的企业之前，首先要了解它的数据储存原理。

一、区块链存储工作原理

区块链是一种分布式账本技术，可以用来记录两方或多方之间的交易。到目前为止，该技术主要被用于加密货币，但在其他领域也取得了众多进展。

区块链分类账作为一个去中心化的数据库，用于保存每个事务的详细信息。交易按时间顺序添加到分类账，并存储为一系列的块，每个块引用前面的块以形成一个互联的链条。

分类账分布在多个节点上，每个节点都保存一个完整的副本，区块链会自动同步和验证所有节点上的事务。分类账对所有参与成员都是透明的，可以验证，无须中央机构或第三方验证服务。

由于其分布式特性，区块链技术也被评价为"天然适合 P2P，去中心化存储"。在这个场景（数据存储）中，区块链提供了创建一个地域上分散的存储资源的逻辑存储池所需的结构，这些存储池完全可以用来充当区块链节点。

二、区块链的数据存放在哪里？

区块链是由一串数据所组成的，但具体数据存放在哪里呢？目前，市场上主流的区块链系统有比特币、Ripple、以太坊和 Hyperledger Fabric。区块链包含一张被称为区块的列表，上面有大量能够持续增长并排列整齐的记录。每个区块都包含着一个时间戳和一个与前一个区块的连接，数据无法篡改，一旦被记录下来，在一个区块中的数据将不可逆。

在传统网络中，所有的参与者都被记录在各不相同的副本中，导致账本无法达成一致，最直接的后果就是增加了时间成本、人力等间接成本。而在基于区块链的共享账本中，交易确认后，将无法篡改；同时，还能节省成本和时间，降低风险。区块链技术的使用，提高了参与者之间的透明度，保证了交易记录的完整性，提升了客户信任度。

区块链的优势体现在共识一致性、容错性、近乎实时的交易、灵活变更资产所有权等方面。任何参与者都无法独自控制账本的信息流向，区块链技术提升了参与记账节点信息流向的公正性和准确性。

区块链技术的不可篡改性减少了监管机构的管理费用，提高了审计的透明度。使用区块链技术在网络上执行的智能合同，一般都不可更改，完全自动化和智能化。商业机构使用区块链技术有很多优势，例如降低成本、提高业务执行速度、降低合同履约风险等。区块链使用了协议规定的密码机制进行了认证，任何交易双方的价值交换活动都是能被追踪和查询到的，保证不会被篡改和伪造。要想在区块链中修改"账本记录"，就要将整个链条上的加密数据进行破解和修改，但要做到这一点，异常困难，这是由区块链的结构所决定的。

区块链之所以安全，就是因为采用了分布式存储的方式。即使被黑客破解和修改了任意一个节点的信息，也没有任何意义；只有篡改者将多数系统节点数据都篡改了，才能真正篡改数据。

第二节　点对点系统中数据的存储与分发

区块链技术是数字虚拟币的技术基础。如果把数据库当成一本账本，就能将读写数据库看作一种记账行为。区块链技术的基本原理是，在一段时间内找出记账又好又快的人，由他来记账，然后将账本的该页信息发给系统中的其他人。如此就相当于改变数据库所有的记录，发给全网的其他节点，所以区块链技术也被叫作分布式账本。

一、区块链点对点交易系统的优势

区块链点对点交易系统的优势主要体现在如下几个方面。

（1）场外交易市场的管理比交易所宽松。场外交易市场分散，缺乏统一的组织和章程，不容易管理和监督，交易效率也比不上交易所。但是，借助互联网将分散在全国的场外交易市场联成网络，就能极大地加强管理和提高效率。

（2）场外交易市场是一个以议价方式进行交易的市场。买卖双方不用根据交易所的价格进行实时交易，交易价是在交易所牌价的基础上经过双方协商决定的净价。

（3）场外交易市场是一个分散的无形市场。没有固定的、集中的交易场所，由许多单独的经营机构分别进行交易，买卖双方主要依靠各种方式来联系交易。

（4）场外交易市场的组织方式采取做市商制。场外交易市场没有采取经纪制，买方与卖方能够直接进行交易。

（5）场外交易市场是一个自由市场。无法在交易所上线交易的币种，可以在场外市场与买卖方协议成交。

二、区块链点对点交易系统的形式

区块链点对点场外交易系统主要有三种形式，分别是线上 P2P 交易、线上 B2C 交易和线下交易。

（1）线上 B2C 交易。用户可以直接向平台购买或卖出比特币等数字货币，其价格由平台指定。平台收到用户付款后，会直接给买家释放比特币等数字货币；或在收到比特币等数字货币后，将资金释放给卖家。B 端的资金或比特币等数字货币为平台自有或来自合作商户。

（2）线上 P2P 交易。这种交易通常都是通过场外交易平台进行。该类平台是比特币等数字货币买家和卖家提供信息发布的场所，交易模式类似"淘宝"模式，买卖双方会根据发布的信息进行一对一交易。

（3）线下交易。买卖双方在线上或线下，通过在线聊天工具如 QQ 群、微信群、Telegram 群组、Slack 群组，或面对面的纯线下方式来进行交易。

第三节　区块链技术的可追溯性

区块链是一个分散的数据库，记录着区块链每笔交易的输入输出，可以轻松对资产数量变化和交易活动进行追踪，这就是区块链的可追溯性。

分散数据库，分散在网络连接的各台计算机上，不受中心化服务器控制。所以，区块链的数据存储方式是无法篡改的。任何人都无法改变区块链中的数据，它们还是真实存在的，因此完全可以使用并信赖这些数据。

普通数据库之所以没有可追溯性，就是因为普通数据库是集中式的，通常在中央服务器上运行，可以被篡改。中央服务器的所有者可以更改数据、操纵数据，却无法保证数据的真实性。

一、区块链的可追溯性的价值

日常生活中产生的任何数据信息都会被记录在区块链上，这些数据信息都是准确的、唯一的、不可篡改的，各类数据信息都能被追溯查询，方便企业进行更好的管理。区块链的可追溯性特点，可以通过以下两个方面来体现。

（1）实时监管产品，防止假冒伪劣产品的出现。买卖市场出现后，"假货问题"就一直存在，"拼多多假货事件"更是将这一问题推向了高潮。那么，如何杜绝假冒伪劣产品的出现呢？区块链的可追溯性特点，为这个问题提供了解决方法。将区块链技术运用到市场中，任何数据信息都能被记录，该数据信息还能被追溯查询。所以，一旦市场上出现了假冒伪劣产品，利用区块链的可追溯性，都能找到产品造假的源头，便于监管部门在第一时间切断造假源头，防止假货流向市场。如果某些假冒伪劣产品确实已经流向市场，运用区块链的可追溯性，也能查询到准确的流向，方便监管部门召回。

（2）追根溯源，对税务进行实时监督。在当下的市场环境下，即使税务部门对各个流程进行了监督，有些企业也会通过做假账来实现偷税、漏税的目的。因此，对于税务监管部门来说，如何防止偷税、漏税等情况的出现，也就成了亟待解决的问题。

将区块链技术运用到税务管理系统中，利用区块链的可追溯性，就能对发放的每一张发票信息进行追溯查询，企业登记的每一笔财务信息都能被查询到。如此，税务机关就能进行实时监管，防止偷税、漏税情况的出现。

二、区块链怎么做到可追溯？

区块链其实就是一个数据库，是一种分布式加密存储的记账技术。区块链的核心是去中心化，用技术的手段，让信任变得更简单。那么，区块链是怎么做到可追溯的呢？具体方法如表6-1所示。

表6-1　区块链做到可追溯的方法

方法	说明
信息上链	生产企业的产品原料信息、生产加工工艺信息、仓储出入库信息、分销信息、物流信息等，都会以哈希值的形式进行上链
存储	一般来说，在区块链上，查询及存储的并不是产品源数据，而是通过加密形式产生的一串字符，能够更好地对企业隐私进行保护
验证	通过查询检验，可以看到上链信息的各项具体情况，比如时间、查询次数、有无变更记录等。此外，区块链上的信息内容有没有经过改动，都能被验证
分享	区块链溯源系统是一套完整的商品真伪、窜货信息查询数据平台，可以用多种方式来进行展示，企业就能更好地管理分销、控制窜货现象以及终端客户营销活动

不能分享和分析的数据是没有价值的，一方面是消费者、代理商之间的信息共享，另一方面是企业决策层之间的信息共享。作为一种底层技术，区块链技术并不是显现在表面的东西，而是一种深度的数据支持，也是区块链的价值观所在：区块链技术，让信任更简单！

三、区块链追溯存在哪些缺陷？

对于区块链追溯技术，数据的真实性确实能得到保障，但源头数据的真伪，是否存在"假数据"上链的现象？这就不能立刻下定论了。这些源头数据需要用品牌知名度背书，如果是小品牌，即使数据不能被篡改，但是数据的真实性也会受到质疑。这时候，就可以跟知名的第三方认证机构合作，对产生的数据进行验证，保障上链信息的品质。

那么，什么情况下需要用到区块链？

（1）需要使用到数据库的产品。

（2）数据库中的内容被广大用户信任。

（3）全部用户有一个信任的第三方。

只要满足这三点，就需要使用区块链技术。

第四节　区块链与防伪溯源是如何结合的

一、什么是可追溯性?

区块链是一个分散的数据库,记录了区块链每笔交易的输入输出,可以轻松追踪到资产的数量变化和交易活动,这就是区块链的可追溯性。

分散数据库,主要分散在网络连接的各台计算机上,不受中心化服务器控制。所以,区块链的数据存储方式是不可篡改的。我们可以追踪并信赖区块链中的数据,因为谁都无法改变它们,它们是真实存在的。

普通数据库之所以没有可追溯性,主要原因在于,普通数据库是集中式的,通常在中央服务器上运行,可以被篡改。中央服务器的所有者可以更改和操纵数据,无法保证数据的真实性。这是一个信任问题,谁都无法保证数据库的控制者是诚实的。但可以肯定的是,区块链上的数据是分散存储的。

二、传统防伪的优缺点

传统防伪可分为两类:电话防伪和图案防伪。这两种方式都需要消费者打电话、发短信、刮涂层输入 16 位码等,查询起来很烦琐。若使用二维码技术,一物一码,只要扫一扫就能查询真伪,非常方便。通常,二维码都对应着一个网址,不仅能显示真伪信息,还能进行溯源,记录原材料信息、生成地信息、物流信息等。

防伪标签经过更新换代,现在购买物品查询真伪的方法也越来越便捷，运用防伪标签的产品也越来越多。传统防伪包括油墨、版纹、指纹、纹理、DNA、材料等形式，这些防伪技术有什么缺点呢？

（1）防伪标识物没有参照物。消费者购买了某款产品，需要根据防伪标识物判断真假，没有样品，真伪是很难判断的，就会让造假者钻空子。造假者在造假时，即使不能做得一模一样，只要基本上一样，就能起到滥竽充数的作用。

（2）对消费者来说，辨认标识物的真假并不简单。为了进行防伪，使造假者不能简单仿冒，制作防伪标识物时，就要选用复杂的技术纹理，消费者辨认时也需要知道许多专业知识，这给产品真假的辨认带来了很大困难。

（3）防伪标识物自身简单被大规模仿制。选用上述办法进行防伪，每个标识物都一样，造假者只要得到一个真品的标识物，就能复制出很多相同的标识物。

三、我们为何需要防伪溯源

产品为什么要防伪溯源？目前，假冒伪劣产品越来越多，受害最大的自然是消费者，特别是买到假冒伪劣的食品、药品，更会危害人们的健康，还会对企业声誉造成负面影响，导致销量的大幅下降。食品、药品、日用品、数码电子等各类假冒伪劣产品，侵害了消费者的权益与安全，如果知名品牌没有防伪标识，就会被造假者钻空子，让品牌利益受损，让消费者受害。由此可见，防伪异常重要。

防伪既能保证产品的真实可靠，又能提高企业利益和品牌形象，可谓一举多得。比如，用户买酒时，不知道它的真假和产品信息，只要拿出手机扫一扫包装上的芯片或防伪二维码，就能立刻鉴别出该瓶酒是不是真品。同时，还能清楚看到产品详情，比如，原产地、生产厂商、产品批次、出品时间、出品位置等，让用户放心购买。

防伪溯源既是一种技术，又是一种商业模式。从技术层面讲，产品溯源的技术已经成熟；从社会层面讲，消费者需要借助溯源技术购买到放心产品，生产者需要借助溯源技术来管理销售渠道。因此，产品溯源的市场需求量越来越大。真正的溯源，就是真正的防伪。

简而言之，产品溯源防伪就是对商品生命周期的唯一逆向还原，它能够告诉消费者：商品从哪儿来，来的路径如何。当然，溯源防伪的价值不仅在于溯源防伪。因为它既是技术，又是商业模式，更是可靠的诚信体系。如今，溯源防伪还处于起步阶段，对商品的覆盖率还很低。但是，经过 4G 时代的充分培育，5G 时代的溯源防伪必将迎来井喷式的发展。无论是包装企业，还是用户企业，都不能再等待观望，需要立刻着手去实施。

四、区块链追溯的优势

传统的溯源系统，使用的通常是中心化账本模式，由各市场参与者分散记录和保存，是一种"信息孤岛"模式。在中心化账本模式下，关键问题是：谁维护这个账本？无论是源头企业，还是渠道商保存，都是流转链条上的利益相关方，当账本信息不利于其自身时，都有可能篡改账本或谎报信息。可见，在溯源场景下，利益相关方维护的中心化账本是不可靠的。

"信息孤岛"模式下，市场的各个参与者都会亲自维护一份账本，即台账；电子化后，还会被冠上进销存系统的名字。不论是实体台账，还是电子化的进销存系统，拥有者都能随心所欲地进行篡改或编造。

区块链在登记结算场景上的实时对账能力，在数据存证场景上的不可篡改和时间戳能力，为溯源、防伪、供应链金融和供应链管理等场景提供了强有力的工具。

五、区块链和防伪溯源的结合

区块链是一种不可篡改、去中心化的存证系统，跟防伪溯源有着天然的联系。相对于传统防伪溯源系统，在区块链防伪溯源系统中，所有的商品信息、溯源信息、扫码信息、认证信息等，一旦被记录到区块中，所有的改动都会留有痕迹，且所有记录不可删除。

区块链防伪溯源的优点主要表现为：系统安全性高；数据记录无法被篡改；数据透明度高，更容易追溯。

先来看一下区块链应用的特点。

（1）不可篡改。单个甚至多个节点对数据库的修改，都不会影响其他节点的数据库，除非整个网络中超过51%的节点同时被修改。

（2）交易透明。区块链的运行规则是公开透明的，所有的数据信息也是公开的，每笔交易都对所有节点可见。

（3）可追溯性。区块链中的每笔交易都能通过密码方法与相邻两个区块串联，可以追溯到所有交易的来龙去脉。

（4）去中心化。区块链是由众多节点共同组成一个端到端的网络，没有中心化的设备和管理机构。

概括起来就是，分布式的存储防伪数据不进行中心化管理，防伪数据就不会因贪污受贿等因素进行修改，而借用区块链，就能清晰记录商品的制造与流转。

六、区块链可追溯特性如何体现

区块链将分布式数据存储、点对点传输、共识机制和加密算法等计算机技术结合起来，形成了一种去中心化的数据存储系统。数据在正式写入区块链之前，需要经过多个节点的共同验证，用某种共识算法对该项数据的真实性形成共识。只有验证节点具备足够可信性、验证节点之间不会合谋取利，区块链的写入机制才会实现信息的发布保真。

区块链高度透明和安全，系统是开放的。除了交易各方的私有信息被加密，区块链的数据对所有人公开，任何人都能通过公开的接口查询区块链数据和开发相关应用，整个系统信息高度透明。

　　此外，区块链技术是建立整个产业供应链上的互信机制的一种技术实现手段。只有依靠真实的产业背景，用户才能充分利用行业信息、关联信息、物流信息等，对整个交易链条的真实性和完整性进行维护。如此，整个商业体系中的信用就会变得可传导和可追溯，增强企业和用户之间的信任，既能解决产品生产或流通过程中可能出现的遗漏或造假问题，又能规范企业的产品质量市场。

第五节　区块链在防伪溯源领域的应用

现代社会，人与人之间的信任是稀缺品。随着各种假冒伪劣产品的不断出现，社会的信任度也在逐渐降低，从毒奶粉到假疫苗，人们似乎已习惯了怀疑。早在2013年，经济合作与发展组织（简称经合组织）报告，假冒伪劣商品的贸易价值已经高达4610亿美元，占全球贸易总量的2.5%，几乎涵盖了各个领域，从手提包、香水到机械零件和化学药品等。而区块链技术的诞生，为信任问题提出了新的解决方案，尤其是在防伪溯源领域。

区块链技术之所以能解决信任问题，是因为在整个流程中并不存在任何能够掌控全局的单一中心化个体，排除了单一个体作假的可能性，除非所有的参与者联合起来作假。也就是说，要想作假，需要联合生产者、供应商、经销商、政府审核机构、物流公司在内的所有人员，且不能出现任何的前后不符或矛盾。相对于作假收益，这样操作的成本更高，容易得不偿失。而如今的商品溯源系统，仅用一个中心化的数据库，就能记录所有的商品信息。

此外，传统供应链存在多个信息系统，信息系统之间无法交互，信息核对烦琐，数据交互不均衡，要想解决这个问题，就需要进行大量的线下核对及重复检查。另外，支付和账期问题也增加了重复审计成本。

去中心化的记账方式，以及所有数据可追溯且经确认后的数据不可篡改，让区块链上的数据既不会凭空出现，也不会突然消失，非常适合防伪溯源体系的建立。

目前，很多机构和公司已经就区块链技术在防伪溯源领域进行了探索，比如沃尔玛采用 Linux 基金会旗下 Hyperledger 区块链技术，保障了猪肉的供应链安全；Everledger 利用区块链技术对钻石进行溯源，对葡萄酒进行追踪打假。

一、区块链的可追溯性应用

区块链的可追溯性应用主要表现为以下几方面。

（1）对产品进行实时监管。在现实生活中，商品有真货就有假货，但多数人都不知道该如何分辨真假。如何解决这个问题呢？假货问题一直都存在，如果无法杜绝这种现象，就需要提高分辨真假的能力。区块链的可追溯性，就能有效解决这个问题。比如，用户想买一台家电，如果电器商使用了区块链技术，用户购买家电时就能通过区块链进行追溯查看，了解家电的源头。一旦遇到假货，借助区块链的可追溯性，就能找到产品造假的源头，切断造假源头，防止假货流向市场。

（2）提高产品防伪效果。区块链技术不仅可以应用在食品追踪溯源上，还能用在产品防伪场景上。根据经济合作与发展组织（OECD）的报告，假冒伪劣和盗版商品占 2016 年全球商品贸易额的 3.3%，约为 5090 亿美元，高于 2013 年的 2.5%。尤其在货币、医药、食品、化妆品、服装、农产品等领域，更是假冒伪劣商品的"重灾区"。随着人们对食品安全的关注和重视，完全可以用区块链技术来解决这些难题，保障食品安全。

（3）对税务进行实时监督。只要存在利益，就会出现偷税漏税等问题，每年都会有很多个人或企业被曝出偷税漏税，这就给税务监管部门带来了困扰。在当今环境下，要想进行全方位无死角的监控，确实很难，人们总能找到一些漏洞。将区块链技术运用到税务管理系统中，利用可追溯性，就能对发放的每一张发票信息进行追溯查询。这时候，每一笔财务信息都将变得透明，就能对偷税漏税等情况进行实时监控。

（4）帮助企业建立更多的品牌信任。借助区块链技术，客户就能了解到企业提供的真实信息。企业通过区块链进行产品存储或服务，一旦知道这些数据无法更改，客户就会完全信赖这些信息。比如，奶粉厂商使用区块链技术，用户购买奶粉时，查查区块链信息，再也不用担心会买到假奶粉了。

二、防伪标签是如何实现防伪功能的

如今，防伪标签基本使用的都是二维码形式。跟传统的防伪码相比，二维码显得更加复杂，破解起来也更加困难，制作需要的工艺更多，无法在短时间里造出假货。同时，二维码具有强大的存储量，保密性也更高。因此，用二维码防伪的标签自然就受到广大企业的青睐。那么，防伪标签究竟如何实现相关的防伪功能呢？

如今防伪标签基本采用的都是二维码防伪系统，该防伪系统储存着大量的商品信息数据，需要二维码编码和认证。也就是说，所有的信息都被储存在二维码上。可是，二维码的制作过程比较复杂，想要假冒并不容易，高昂的成本让造假者无利可图。

加密二维码，就能将生成的加密二维码给厂家生成相应的防伪标签，防伪程度也就大大提升了。消费者拿到相应的产品后，要想达到检验效果，就要配合使用对应的软件或公众号。接着，把已经升级的加密二维码贴到商品的包装上，之后商品包装上就会直接显现这些防伪标志。

对于消费者来讲，商场购物时，看到加上防伪标志的产品，就会更加放心，也更加愿意相信这些品牌。消费者购买产品后，只要用手机对标签进行扫描，就能利用防伪系统自动匹配相应的信息，并验证出商品的真假。这就是防伪标签实现防伪功能的整个流程，看起来非常简单，却包含着很多的科学技术和防伪技巧。

三、区块链技术在防伪溯源领域应用前景

目前，很多人对区块链的认知依然停留在"比特币交易"这一阶段。随着区块链技术的发展，越来越多的人认识到，区块链技术并不局限于虚拟货币交易，可以实实在在地应用到我们的生活中。其中，区块链防伪溯源的应用场景是最具实操性的，不仅解决了防伪"痛点"，还受到各大巨头的争相抢夺。比较有代表性的是 DITo、TAC 溯源链等。

事实证明，只要率先推出落地项目，就能在业内领先一步。借助区块链技术，就能将商品原材料的流通过程、生产过程、商品流通过程、营销过程等信息进行整合并写入区块链，实现一物一码全流程正品追溯。此外，还能将不同商品流通参与主体的信息数字化后储存到区块链中，比如原产地、生产商、渠道商、零售商、品牌商和消费者等，使每个参与者的信息在区块链中可被查看。

交易内容比较复杂，一般都难以核查，再加上高额利润的诱惑，致使市场上的造假、售假等行为屡禁不止。如此，不仅会打击消费者的购物体验，还会损害商家的品牌形象。因此，对于商家和消费者来说，建立一个可信的防伪溯源体系迫在眉睫。在整个市场内，所有商品的交易流转只有借助可信任的防伪溯源机制，才能更好地保证企业产品的质量，提高消费者的购买体验。

第七章

区块链也是一个生态系统

第一节　区块链生态系统究竟是何种样子？

"生态系统"的概念来源于生物术语，主要用来描述生物群落的相互影响以及与所处环境之间的关系。如今，这个类比已经扩展到区块链领域。其中，生态系统涉及不同的参与者，包括参与者之间的相互作用，与区块链去中心化应用以及与外部现实世界之间的关系。

一、完整的区块链生态系统

区块链是一种生态系统，从本质上来说，是一种利害相关者的结合。以比特币为例，最重要的利害相关人是核心开发人员、矿工、节点和用户，这些成员之间分工合作，共同实现了网络的权利平衡，如表7-1所示。

表7-1　区块链生态系统的元素

元素	说明
核心开发人员	核心开发人员拥有比特币的代码权，可以撰写代码，针对体现在代码中的规则进行决策，可以审查代码，并通过修改代码而变更比特币运行规则。他们会定期在网上举行公开会议，网络中的节点和矿工都能收听会议内容。核心开发人员是比特币用户信任的源泉
矿工	在比特币网络中，矿工共拥有两项权利：一是比特币的记账权，这是矿工最基础的权利，矿工竞争挖矿，优胜者挖出一个新区块，就能得到比特币奖励；二是表决权，如果技术开发人员要对代码和规则进行修改，需要得到矿工们51%以上算力的批准。一旦技术开发人员和矿工之间形成合作关系，就能重写区块链数据库的交易历史，或通过其他方式改写信息的存储、处理和记录方式

续表

元素	说明
节点	在比特币网络中，节点的主要功能是有效记录信息，即保存区块链副本。通过点对点网络，节点能够发现和保持与其他节点的连接。从网络上接收到一个新区块后，它们会检查该区块是否有效：如果有效，节点就会将其添加到区块链的本地副本，并向网络中的其他节点广播
用户	用户的主要任务是提出新交易，比如购买和出售比特币。为了参与交易，他们会在本地计算机上运行开源代码或购买专用的硬件钱包。此外，用户还有权监督全节点并维护比特币价值

二、区块链生态系统的认知

1.链上交易和链下交易

虽然理解区块链生态系统的功能比较困难，但从链上交易和链下交易这个方向入门，也是不错的选择。

（1）链上交易被记录在区块链公共账簿上，区块链网络上的所有参与者都能看到。链上交易有可信任、去中心化、完全透明等特点。

（2）链下交易是行为者之间的协议，不会直接反映在区块链上，更便宜、更快捷、更私密。

为了更深入了解区块链生态系统的工作原理，先来学习下 Apla 的案例。

所有 Apla 平台用户都是一个或多个生态系统的成员，用户只要使用其私钥，就能对这些生态系统进行访问。在 Apla 生态系统中，任何实体、个人或资产都会得到唯一的数字身份凭证（公钥号或哈希码）。由于 Apla 是一个全球生态系统模型，这些凭证可以用来参与全球身份验证互换。Apla 之所以选择生态系统模型来创建应用程序，是因为这种模式能够自主用于多种场景，比如商业、社交等。

2.智能法则与共识算法

（1）智能法则。活动组织的必要元素是规则、规范和限制，通过它们，就能建立起执行某些行为的权利。在一个生态系统中，一套规范和限制要想实现形式化，主要依赖于智能法则。智能法则构成了整个生态系统的法律体系。不同于智能合约，智能法则是在活动开始之前形成的，必要时可以通过生态系统成员的共识进行修改，达成共识的规则会在相应的智能法则中明确规定。

（2）共识算法。在区块链中，达成共识的方式决定了参与者的决策和行动方式，区块链网络使用的共识协议通常都能证明安全性、去中心化和透明度。共识协议的参与者是验证节点，该节点运行目前版本的区块链，还有权验证交易并将其添加到区块链上。网络中验证节点的数量越多，网络就越安全。同时，验证节点越多，整个过程也越耗时。因此，必须采用专用参数来限制验证节点的数量。在指定时间段内，签署新区块的权利从一个验证节点转移到另一个验证节点，如果某个节点无法在指定时间段内创建并签署新区块，对新区块的签名权限就会被分配给验证节点列表中的后续节点。

3. 共识协议

区块链有多种共识协议可供工程师们选择，即使现有协议不适合自己的生态系统，也可以重新定制新协议。常见的协议有工作量证明（POW）、权益证明（POS）、权威证明（POA）等。这里就不再做介绍。

对 POA 来说，要进入验证节点名单的不是工作量（如 POW），也不是已有的"权益"（如 POS），而是验证节点的权威管理共识协议。依然以 Apla 为例，为了进入权威验证节点名单，申请人必须经过申请流程并从现有的验证节点中获得大多数选票，才能在 Apla Consensus ASBL 平台生态系统中注册。之后，在平台生态系统中进行投票，如果结果是肯定的，新验证节点上的数据就会通过交易发送到网络，添加验证节点列表中的每个参数。

4. 生态系统

生态系统的创造者，就是生态系统创始人。通常，生态系统创始人掌控着生态系统控制的所有权限：创建或编辑应用程序、用户角色、权限以及修改生态系统参数等。当然，对这些权限的控制也可以转移给其他成员，由其创始人定义接受新成员加入整个生态系统的程序。为了确保生态系统的自主性，创始人及成员共同创建了一套规则，对系统内的操作进行控制。在 Apla 中，这些规则被称为智能法则。

第二节　区块链的生态系统主要构成要素

与区块链生态系统相关的因素有用户、投资者、"矿工"和开发商。知道这些要素是如何融入区块链生态系统的，不仅可以更好地了解区块链的运作方式，还能更好地评估其增长潜力。

对于每个利益相关者，区块链都有着巨大的吸引力，吸引力越大，越可能健康地增长。

一、用户

用户是使用区块链或加密货币实现某些目的的普通人，包括投资者。为了维护用户，加密货币必须具有一些实用程序（用于花费你的钱币）。这里给大家介绍两个最受欢迎的区块链，以便了解它们目前和潜在的效用。

1. 比特币

比特币只有一个功能，即用于货物和服务的付款。数据显示，截至2018年9月，全球约有48000家商家已经接受了比特币为商品和服务付款。比如，包括PayPal、Expedia、微软、赛百味、彭博、Reddit、戴尔等公司都已经将自己的名字添加到了不断增长的比特币商家名单中。未来十年，这个名单必然会继续增长，比特币完全有可能被广泛接受。可见，目前比特币比其他区块链都更具实用性。与传统支付方式相比，比特币支付的优势在于：更快的国际支付和交易；交易费用非常低；伪匿名；没有第三方介入。

2. 以太坊

以太坊能够将智能合约嵌入区块链，主要为用户提供两种不同类型的应用。

（1）货币应用。这种应用虽然不是以太坊的主要目标，但用户可以使用 Ether（以太币，以太坊区块链的加密货币）来支付商品和服务。如今，有些公司正在竞相通过其加密货币借记卡和 Coinify 等在线支付平台获取市场份额，为在线商家提供即插即用解决方案。可是，依照现在的发展势头，比特币仍然是加密货币的王者，以太币还需要追赶几年。

（2）常规应用。这种应用指的是，用户与基于以太坊区块链的 Dapp 交互。如今，已有数百个 Dapp 允许用户以各种方式与以太坊区块链进行交互。例如，Numerai 是一种独特的对冲基金，主要为世界各地的数据科学家提供加密市场数据，激励他们超越目前的交易算法，提高对冲基金的整体表现。可是，这也仅仅是一个开始，每天都会出现新的 Dapp，将来必定会开发出一款真正吸引公众注意力并引领下一拨以太坊用户浪潮的 Dapp。

二、投资者

几乎所有区块链生态系统中的利益相关者仍多是投资者。因此，加密货币市场仍然具有高度投机性。区块链市场如此不稳定的原因有：评估加密货币或 Dapp 的真正价值非常难。该技术仍然年轻，实用性有限，缺乏用户，很难预测到大规模采用时该技术将如何发展。

虽然目前投资区块链技术存在许多陷阱，但目前的市场条件依然颇具吸引力，因为专家、顾问和投资者几乎一致同意，区块链技术市场将在未来十年内快速增长。

在区块链生态系统中，共有四种不同类型的投资者，如表 7-2 所示。

表7-2   区块链生态中不同类型的投资者

种类	说明
新手	区块链市场的增长和宣传吸引了成千上万的投资者，多数投资者会被潜在的收益所吸引，而不会关注这项技术。新手用自己的情绪做决定，既害怕失去钱，也害怕失去机会，因此，新手的买入价格一般都过高。同样，如果价格下跌超过其初始买入点10%~20%，由于害怕失去所有资金，新手就会立刻卖出。在超级易变的区块链市场，这种做法尤其危险。因此，新手经常会高买低卖
鲸鱼	鲸鱼。指的是拥有庞大储备的大型投资者，可以使市场向某一个方向发展。通常，订单为1万~500万美元或以上的人被视为鲸鱼。这种大订单足以影响多数加密货币或区块链令牌，一旦小玩家开始留意这种变化，并对自己的钱进行相同操作，鲸鱼就能在稍后执行相反的操作，获取利润。这里还需要提到两类人： 巨鲸。巨鲸指的是对冲基金和比特币投资基金，能够管理约1亿美元以上的投资组合。由于管理资本太过庞大，一次下单，市场一般都无法消化，会在一周或更长时间内将成千上万的比特币注入或流出市场，慢慢推动价格上涨或下跌，满足自己的需求。 水下野兽。该群体足以完全吞噬世界头头并永远改变区块链市场，如政府投资者。一旦政府将加密货币作为一种多样化储备货币组合的方式，就会直接提高价格水平
套利者	套利者会不断寻找并利用交易所之间的小价格差距，与数百家交易所相连，只要遇到机会，就会在澳大利亚交易所买入低价并在瑞士交易所卖出高价。这种行为并不会破坏区块链生态系统，却能稳定交易所的价格。他们就像大海的清洁工，在不断搜寻中，轻易找到市场的不合理之处
八爪鱼	这种投资者买得低、卖得高，做决定前，一般都会进行广泛的研究，并认识到风险和潜在回报。他们知道利用加密货币的短期波动操作非常难，会关注长期回报；他们不会进行情绪化决策，会通过价格波动坚持自己的投资，除非投资发生根本变化；他们还知道，在区块链新兴行业，识别赢家和输家非常困难。他们不仅会认识到总体行业风险，还会非常关注传统公司进入市场并关注他们的投资

三、"矿工"

区块链的运行并保持完整，需要世界各地的独立节点网络持续地共同维护。在私有链中，中心组织拥有网络上的每个节点；而在公有链中，任何人都可以将其计算机设置为节点。这些计算机的所有者，就是矿工。

由于区块链的完整性与网络上独立节点的数量直接相关，因此需要进行必要的挖矿激励。不同的区块链使用不同的采矿系统，但多数会采用以下形式。

（1）激励系统。最常见的方式是微交易费用和区块解决方案奖励的组合。

（2）共识算法。所有区块链都需要一种验证广播到网络的区块的方法，比特币区块链使用的是工作证明（POW）。因为矿工需要保持区块链的完整性，所以拥有很大的权力。如果比特币社区想以各种方式改变比特币协议，就需要说服多数矿工采用新代码，对现有区块链协议进行更改，即分叉。

四、开发商

目前，在区块链世界中共有两种开发人员：区块链开发人员和 Dapp 开发人员。其中，区块链开发人员能够构建具有不同功能级别的全新区块链；而 Dapp 开发人员，则可以构建在区块链上运行的去中心化应用程序，为用户提供使用区块链的理由。

评估区块链时，要考虑开发商会对其做出何种反应，需要问自己这样一些问题，包括：该平台允许开发人员使用哪些脚本语言？社区是否足够活跃？是否能够说服开发人员花时间为该平台开发 Dapp？区块链中是否有特殊功能，Dapp 开发人员无法在更受欢迎的区块链上创建其应用，而在这个区块链上就可以吗？区块链的可扩展性如何？如果最终要变得流行，代码能否处理大量的交易？

要想利用区块链技术，就要同时了解区块链和 Dapp 开发中的最新消息。

第三节 区块链生态系统的建立

"生态"一词，通常是指生物的生活状态，简而言之，就是一切生物的生存状态、它们之间的关系，以及它们与环境之间的关系。每个人都在不断产生有用的行为，比如信用数据、注意力、互联网足迹等，产生数据的载体包括社交、娱乐、购物、出行等应用，应用之间的联系与区块链系统密不可分，通过这种方式产生的价值，就是"区块链生态价值"。

一、区块链技术搭载到生态

"区块链生态系统"指的是构成整体的各个部分，以及它们如何与外部世界进行相互作用。例如，比特币生态系统共包括四部分：接收支付的用户、生成加密货币的矿商（是指以生成加密货币为工具获取利润并负有一定社会责任的人）、购买加密货币的投资者，以及监控和维护整个系统的开发人员。

区块链生态系统的成功取决于参与者背后的精心策划，虽然生态系统的成员来来去去，但区块链的使用，加快了新业务的进行，需要监管和法律框架来处理数据的所有权、信息共享、IP 所有权、网络安全、数据存储等问题。

虽然区块链有很多优点，其去中心化思想、不可篡改等特性，吸引了大多数人的关注。但不可否认的是，区块链也不是万能的，还没有出现实质性的颠覆，区块链在效率和商业模式上还存在无法跨越的障碍。

二、区块链生态系统的建设思路

要想打造区块链生态系统，可以按照以下思路进行。

1. 打造永不宕机的区块链应用操作系统

（1）开放和商业化，构建操作系统生态。不论是个人电脑时代的 Windows 操作系统，还是移动互联网时代的安卓和 iOS 操作系统，都有一个共同特点：开发者可以基于它们进行各类应用的开发，大到一个企业管理系统，小到一款小游戏。这些应用不仅满足了人们的工作和生活需要，也给开发者带来了丰厚的商业价值。作为应用的基础，操作系统也从中受益良多。因此，要想成就一个成功的操作系统，首先，要通过自身的开放，吸引越来越多的开发者加入，开发出各种应用；其次，要设定恰当的商业模式，让开发者从中获益。

（2）激活应用场景，赋能 Dapp 开发。移动互联网领域，有着开放的操作系统，众多开发者围绕应用场景开发出各类 App。而在区块链领域，Dapp（Decentralized Application，去中心化应用）生态正在逐步形成，这也是区块链进入 3.0 阶段的重要标志。只不过，目前 Dapp 的发展依然处于初级阶段。要想打造一个完整的区块链生态体系，还需要提供一个窗口，将用户和区块链网络连接起来。

2. 实现以 only 为通证的经济共享圈层

2008 年 10 月 31 日，中本聪发表了论文《比特币：一种点对点的电子现金系统》，数字货币的社会实验随之开始。随着比特币的发展和普及，其底层技术——区块链自然也就成了能创造更大价值的宝藏。时至今日，区块链的发展已逐渐场景化，其技术也经历了 1.0 到 2.0 再到 3.0 时代。

（1）区块链 1.0 时代的主要应用是发币，出现了莱特币、狗狗币等早期的数字货币，代表是比特币。

（2）区块链 2.0 时代，代表是以太坊的智能合约。智能合约能够为上层应用的开发提供支持，可以在金融、流程优化等领域广泛应用，出现了类似于"以太猫"等早期 Dapp。

（3）区块链 3.0 时代，随着底层技术的更新迭代和性能的不断提升，以 EoS、区块链系统等为代表的高性能公链系统应运而生，各种基于公链开发的去中心化应用也纷纷冒头，为区块链技术与实体经济的结合创造了更多可能，越来越多的实体企业加入了"链改"行列。

3. 符合内外部属性

区块链生态圈的打造，要符合一定的内外部属性，如表 7-3 所示。

表7-3　区块链生态圈的属性

属性	说明
外部属性	随需随聘的员工。员工随需随聘，取代传统的岗位聘任制
	社群与大众。把充满热情、愿意奉献时间和专业技能的爱好者集合起来，组成社群，并吸引更多的大众
	算法。获取海量数据，确立自己独特的算法
	杠杆资产。用杠杆资产取代实体资产
	参与。用各种方法让用户参与进来
内部属性	用户界面。良好的用户界面，是组织实现扩张的重要条件
	仪表盘。用适应力强的实时仪表盘，让组织内的每个人都能了解关键量化指标
	实验。通过实验实现快速迭代
	自治。在遵循MTP的前提下，实现员工的高度自治
	社交技术。利用社交工具创造透明性和联通性，消除信息延迟

第四节　区块链生态系统的未来展望

2020 年是区块链峰回路转的一年，但有一点，业界已经达成共识：区块链的炒作已经结束。

2018 年加密货币市场的总体价值的损失已经超过了 80％，各国政府也加强了对加密货币交易、ICO 等活动的监管。一时间，币圈哀鸿遍野，深深打击了链圈的信心。可是，诸多权威机构的调查表明，未来区块链不仅不会停止发展，还会成为人工智能、物联网等新兴技术的融合载体，成为最具发展潜力和商业价值的领域。

（1）有效解决"三难"问题。区块链行业的一大挑战就是，解决所谓的"三难"问题，即可扩展性、去中性化和安全性之间不平衡。虽然我们已经对现有的区块链项目进行了广泛宣传和巨额投资，但该技术的巨大潜力基本还没有兑现。技术上的"三难"问题成为区块链进入主流应用的最大"瓶颈"。当然，为了解决"三难"问题，业界已经做了很多工作，比如：开展甚至开发了克服现有架构中关键缺点的技术原型，完全有可能让区块链的事务处理变得更快，同时保持安全性和分散性。如此，开发人员就能构建解决实际业务挑战的应用程序。未来，这些解决方案会变得越来越复杂。如今，预计可扩展性和性能方面的真正突破已经开始实现，区块链"三难"问题必然能很快解决。

（2）重塑区块链的行业形象。受到加密币和 ICO 的拖累，区块链的声誉严重受损。由于它与加密货币，特别是比特币关联太多，很多企业都不相信区块链。

相信，未来区块链行业必然会进一步还原其应有形象，并在商业领域和智库中将区块链与加密币分开，为区块链的大规模应用打造良好的基础。此外，还会实现术语的转变。比如，"区块链"这个术语会逐渐被DLT或"分布式账本技术"等更中性的词汇替代。如此就可以告诉企业内部的区块链方案执行团队：他们的项目与加密货币和ICO无关，一旦概念的切割被广泛认知，区块链就能获得更广泛的普及和应用。

（3）提高区块链的可见度。未来，越来越多的新项目和新平台会不断涌现，开发人员及其所从事的创新项目将继续推进区块链功能，很可能会看到区块链在供应链、身份、透明度和治理等领域体现真正价值。"爆款"区块链项目的涌现，会极大地提高整个行业的知名度，也将大大激发企业对区块链技术的兴趣。因此，随着越来越多的企业努力寻求实施更集中的区块链应用，未来必然会出现一系列广泛而引人注目的特定用例和真正的应用程序。

（4）让区块链项目变得更成熟。2020年，许多企业已经进行了大量高调的区块链试点，但成果还没有完全显现。区块链技术的成功和失败为技术提供商提供了进入下一个发展阶段所需的工具：明确、有针对性的目标和期望。当技术和估值逐渐趋于合理水平时，区块链行业也会进入更深层的成熟阶段。如今，专门的区块链团队正努力提供"令人兴奋"的项目，随着区块链领域的逐渐成熟，可持续的区块链项目也会陆续涌现。

（5）区块链生态系统不断发展。在过去的时间里，主流平台的主导地位如以太坊、Hyperledger Fabric，以及R3的Corda、Digital Assets等，都是区块链发展的基础。未来，虽然它们依然会在市场上保持主导地位，但随着其他行业和细分市场的应用，将会涌现出新的迟滞平台，例如保险、航空和运输行业等。随着竞争力的不断提高，区块链行业必然会进行某种整合。

（6）基于区块链的产品将涵盖各行业领域。目前，最活跃的区块链行业应用存在于金融、供应链和贸易融资行业。但是，分销、服务、物流、航空等行业也开始探索区块链在支付、汇款、可追溯性等用例方面的潜力。未来，区块链的行业应用领域会大大拓宽，更多行业都能从其透明度、速度、效率和可靠性中受益。从制造到零售，都将开始探索区块链可以为供应链透明度，所有权跟踪等带来的改进。

（7）分布式应用程序将继续增长。使用区块链分布式账本的多数应用程序仍然依赖于会产生单点故障的集中式应用程序，后者还会导致数据写入分布式账本前被篡改的漏洞。当公司将重点从"什么是区块链"转移到"我们能用这项技术做什么"时，应用程序本身也会更加去中心化。这是区块链和加密货币得到广泛传播的关键。

（8）颠覆越来越多的行业。未来，区块链将进一步改变许多行业的业务流程，比如金融服务、银行业，以及最重要的航运和供应链行业。区块链的颠覆性将影响多个行业且不可抗拒，例如保险、医疗保健、零售、教育等。区块链对这些行业的破坏性影响可能会进一步加深。

（9）更多的企业将涌入区块链舞台。随着区块链应用的推广，更多企业会进入区块链领域，既包括为了消除效率低下、简化业务流程、解决业务问题、补充现有系统或支撑全新业务模式采用区块链技术的传统企业，也包括提供技术、工具、方案、咨询、服务的新兴企业。

（10）区块链将实现更多的融合。未来，人工智能、大数据、物联网和生物识别等有前景的技术将进一步与区块链技术进行融合。如今，区块链和物联网（TOT）之间的融合已经开始发挥作用，数据显示，许多物联网公司已经将区块链技术融入自己的产品。

　　我们有理由相信，未来，部分物联网服务必然会提供区块链服务，实现公司的不断发展，创造出全新的商业模式和收入流，全新的区块链融合市场也必将出现。此外，人工智能领域的进步也将让整个行业发生改变，其他领域的区块链和网络安全也会得到发展。使用人工智能，不仅能增强客户体验，还能有效降低其运营成本。

第八章

区块链系统的基本要求

第一节　高可用

区块链系统设计的节点集群技术可以保持相关服务的高度可用性，即多台主机一起工作，各自运行一项或几项服务，分别为服务定义一个或多个备用主机。当某个主机出现故障时，运行在上面的服务就可以被其他主机接管。

当你着急访问一个网站，很有可能该网站已经受到了 DDoS 攻击，或由于其他不明原因而被迫暂停运行。

当你花大价钱，从某 IT 公司购买了系列服务，几年后，该 IT 公司却由于经营不善关门大吉，停止提供服务。这时，你的数据信息，就不得不迁移。

对于这些情况，在区块链网络上，则不会发生。因为区块链的特征之一，便是高可用性。

区块链的高可用性，主要包括以下三方面的内容。

（1）无权限限制。区块链网络是一个无权限限制的全球性基础设施，从理论上来说，任何人、任何时间、任何地点，都可以使用；更像无线电或互联网一样，任何人都能使用。所谓无权限限制，就是不必向任何人提交请求，就能直接访问区块链网络。区块链技术像互联网技术一样，是各种协议的集合，而协议是计算机用来相互通信的语言。任何人都无法关闭或禁止一种语言，更没有人能阻止你使用区块链技术。

（2）24×7全天运行。区块链网络是一个由世界各地多节点运行的冗余系统，网络可以全天24小时运行，即使某节点因为各种原因停机，也不会影响整个网络的运行。到下一个节点，还有成千上万个节点在运行，就像无线电和互联网，谁都不能关闭它。

（3）内容无法被篡改。区块链技术基于分散协议和无控制中心，任何人都无法轻易篡改区块链上的内容。

未来，区块链网络将被应用于全球范围，存储和保护关键数据。区块链为全球性、高安全性和高可用性的基础设施打开了大门。

第二节　低延迟

区块链系统设计的节点通信寻路算法，降低了网络方面的延迟，同时在 I/o 方面的延迟，系统采用内存数据操作技术，可以保证数据高效调度。

随着未确认的比特币交易数量不断增加，用户需要支付高昂的费用来加速交易确认，否则就要忍受漫长的交易等待时间，使用户感到沮丧。

如今，为了促进已经延迟交易的进行，很多用户都在寻求方法。比如，有些用户使用了能够加快交易确认速度的在线服务，有些用户则选择了自认为拥有更可靠挖矿速度的交易平台。

（1）交易确认延迟的原因。要想找到解决方案，首先就要找到导致交易确认延迟问题的根本原因。如今，比特币的采用率显著提高，这一点直接反映在比特币的价格上。目前，其价格已经达到历史新高。虽然比特币的采用率和交易量都大幅提高，但未确认交易比率的突然上涨也引起了一定范围的关注。借用区块链，为用户提供有效实现价值转移的方式时，更要注意导致交易延迟增加的原因。比特币的交易时间延迟原因有很多，其中之一就是，平台的迅猛增加与其接受程度和比特币交易的增长速度不相匹配。此外，还存在一些策略性原因。比如，在该系统中，为了提高自己在区块链容量争论中的优势，很多参与者都将大量交易信息发送给自己，这直接导致了比特币交易的延迟。

（2）区块链系统的动态费用。比特币用户要想以最快的速度确认交易，唯一方法就是支付费用。从"矿工"的角度来看，用户提供的服务费用较高，将成为一种经济上的鼓励，可以促使"矿工"将某项交易纳入将产生的区块中。确保这一点实现的方法之一，就是从使用动态费用模式的比特币钱包中发送交易。如果某笔交易的优先级较高，就可以手动设置费用，确保矿工能够在下一个区块接收到用户的交易。

（3）如何加快交易速度。为了加快交易确认的速度，用户可以提高其费用或参与可以"往返交易"活动。例如，如果正在使用 Poloniex、Bittrex 等交易所，只用用户的比特币换取 Expanse 等资产，并将其发送到目的地址即可。如果以太坊没有出现像比特币那样的长时间的交易排队现象，就可以将其作为一个替代方案。

第三节　高并发

高并发是互联网分布式系统架构设计中必须考虑的因素之一，通常是指，通过设计保证系统能够同时并行处理很多请求。区块链系统设计的节点集群技术，在节点数量足够多的情况下，每秒至少可处理数百万条数据请求。

区块链之所以是高并发，原因不外乎以下几方面。

1. 摩尔定律已失效

目前，提高并发性是解决人类计算能力的主要方向。但是，并发的编程模型一直都遭受着上下两方的压力。

（1）来自下方的压力。2000 年开始之际，人们已经意识到摩尔定律失效了，不再期待今年写的 C 代码明年就能被更快的处理器运行。因为处理器性能的提升，主要是通过堆积更多的 core 来完成的。所以，为了编写更快的代码，就要编写并发式的程序，同时使用更多的核、CPU 和机器。

（2）来自上方的压力。如今主流商业应用软件都跑在 Web 端，7×24小时百万级以上的并发访问，人们都无法想象一个运行在桌面的单机程序能够实现同样的商业价值。所以，谈论区块链时，就要明白一点：只有支持并发性，才能满足市场需求。

2. 线程模型并不理想

线程模型是 20 世纪 90 年代提出的一种并发模型，线程模型广泛应用在 Java 虚拟机、CLR、.net 虚拟机中，甚至应用于 Erlang 等更高级的系统中。线程模型失败的地方在于，读一段 Java 或 C sharp 代码时，将不知道里面究竟有多少个线程。

要想讨论并行性和并发性，讨论并发式和分步式，首先就要搞清这几个概念。

（1）所谓并行性，就是同步进行的多项活动之间并不共享信息。就像一条八车道的公路，既然没有换道，就只能并行。允许换道时，不同的活动和线程之间就会出现交互，这就是并发。

（2）所谓分布式，就是把每笔交易都想象成一辆车，换道就是切换到不同的处理器上。这种方式需要面对故障模式，如果允许单独某个任务失败，就会带来本地（local）的概念。

线程有不同的概念，包括有操作系统线程和 CPU 内核的物理线程等。从本质上来说，线程模型的问题是，在编程语言的语义层面没有提供并发性的支持。

3. 多数交易都不是孤立不相关的

多数人的财务状况都是分开的，比如，当你去喝咖啡时，地球另一边的人可能在买菜，你们的交易不相关。在区块链世界中，这一点非常重要。一味地对这些交易进行系列化，很容易走进死胡同。所有的交易都要经过一个虚拟机，如果虚拟机是顺序的，就需要进行线性排列，而这也是以太坊虚拟机的模式。在这种情况下，无论是 DAG 还是区块都无所谓。在区块链上使用序列化模型时，不可能出现语言层面的并发显式表示，自然也就无法使用静态分析来获得并发行为，因为并发都隐藏在幕后。

4.WASM 会被淘汰

WebAssembly，简称 WASM，是一种以安全有效的方式运行的可移植程序。在区块链的世界里，WASM 缺少像样的并发模型，虽然尝试处理并发，但基本上还是顺序的，所以 WASM 必然会出局。更重要的是，它不能在代码中使并发显式化。从本质上来说，所有类似的映射到成熟虚拟机（如 LLVM）的方法，都不是虚拟机，而是一组库，无法解决并发性，尝试在 LLVM 上执行任何类型的并发，都无法取得理想的结果。

5.DAO 事件是一个并发问题

并发性是一种语法，可以对代码进行分析并检查各种并发属性。典型的示例是，竞争条件：两个事件是否有可能以任意顺序发生？ DAO 事件是一个并发问题，是竞争条件。如果有对应的语言表示，就可以通过语法分析，捕捉到错误信息。即使是熟悉并发问题的老程序员，依然会时不时将问题搞错。例如，哲学家或其他类型的问题，所以，为并发编写算法很难。

第四节　高兼容

所谓高兼容性，是指硬件之间、软件之间或软硬件组合系统之间相互协调工作的程度。兼容的概念比较广，相对于区块链系统来说，系统的资源和功能可兼容去中心化应用和半中心化应用的使用，在工作时两类应用可以相互配合、相互促进、稳定工作。

自区块链发展以来，已经开发出数不胜数的区块链可行性技术，有的根据自己的技术特性找到了适用场景，有的则从区块链性能的漏洞出发，以技术手段来查漏补缺。即使多数技术研发无法在一开始就能找到合适的落地场景，但是其技术性能依然是鲜明的，开发目的较有针对性，能够以兼容和高效为发展方向。

在区块链的逐步探索和应用中，已经暴露出很多技术架构的问题，比如：区块容量的扩伸性、网络主体的责任划分、数据的最终归属权等，甚至去中心化的系统还缺少链上治理、分布式共识算法存在"瓶颈"……可是，这些问题既没有存在某一条链上，也不局限于某种应用场景，区块链系统内部因缺乏兼容性和互通性，让问题不断放大。

此外，比特币和以太坊是区块链技术中最为看好的两大生态，基于UTXO 模型的比特币生态和基于 Account 模型的以太坊的兼容性很差，在价值协议互通方面存在很多不足，而这也是新技术研发的方向。

第五节　可维护

系统的可维护性是衡量一个系统的可修复（恢复）性和可改进性的难易程度的重要指标，具体内容包括：区块链系统发生故障后，能够排除（或抑制）故障予以修复，并返回到原来正常运行状态；系统能够改进现有功能，增加新功能。区块链系统升级的机制，往往都通过分发网络传达数据和系统升级确认审核机制进行版本推送。

区块链技术能够通过去中心化和去信任的方式集体维护一个可靠数据库。其实，区块链技术并不是一种单一的、全新的技术，而是多种现有技术（如加密算法、P2P 文件传输等）整合的结果，这些技术与数据库巧妙组合在一起，形成了一种新的数据记录、传递、存储与呈现方式。简而言之，区块链技术就是一种大家共同记录信息、存储信息的技术。

过去，人们会将数据记录、存储的工作交给中心化的机构来完成，而借用区块链技术，系统中的每个人都能参与数据的记录和存储。在没有中央控制点的分布式对等网络下，使用分布式集体运作的方法，构建了一个 P2P 的自组织网络。通过复杂的校验机制，区块链数据库能够保持完整性、连续性和一致性，即使有人作假，也无法改变区块链的完整性，更无法篡改区块链中的数据。

区块链技术涉及的关键点包括：去中心化、去信任、集体维护、可靠数据库、时间戳、非对称加密等。区块链技术重新定义了网络中信用的生成方式：在系统中，参与者不用了解其他人的背景资料，也不用借助第三方机构的担保或保证，就能对价值转移的活动进行记录、传输和存储，且最后得到的结果一定是可信的。

区块链技术原理的来源可以归纳为一个数学问题——"拜占庭将军"问题。将"拜占庭将军"问题延伸到互联网生活中，其内涵可概括为：在互联网大背景下，需要与不熟悉的对手进行价值交换活动时，如何才能防止不被恶意破坏者欺骗、迷惑从而做出错误决策。

将"拜占庭将军"问题延伸到技术领域中来，其内涵可概括为：在缺少可信任的中央节点和可信任通道的情况下，分布在网络中的各个节点应该如何达成共识。

区块链技术提供了一种无须信任单个节点，还能创建共识网络的方法，有效解决了"拜占庭将军"问题。

第九章

区块链行业解决方案及链改

第一节　什么是链改

区块链经过这几年的发展，已经打开了向上发展的高速通道。区块链技术的去中心化、去信任化等独特功能，为经济和企业发展都带来了新的希望和发展思路。

可是，提到区块链对于实体的赋能与应用，就不得不提到一个关键词——链改。

一、链改的定义

所谓链改，就是对经济体进行的区块链思想、区块链技术应用及区块链技术与新技术结合的改造，可以赋能实体经济与数字经济。链改的目标是改造实体产业和数字经济，达成产业共识与标准，建立健全产业升级平台，助力产业升级与动能转换，拥抱监管，保护投资者利益。

从广义上来说，就是对传统股份制企业进行区块链经济化改造，让其上链经营，成为区块链经济组织。区块链的链改可以分为：无币区块链链改和有币区块链链改。前一种的参与者多数都是银行和机构，存在的形式也是联盟链或私有链；而有币区块链链改，参与者的身份比较复杂。

从本质上来说，链改就是要把各价值创造者创造出来的价值进行合理分配，实现生产关系的改良，即应用通证经济来改造传统行业。从现阶段来说，依靠区块链技术和通证经济模型，只要能够降低企业运营成本、提升效率、创新商业模式等，都可以称为链改。

区块链引发了一场经济制度的革命！链改是一个跨学科的经济改造，需要重新对资本逻辑、技术逻辑、商业逻辑、产品逻辑、运营逻辑、用户逻辑等进行设计，让原有的合作伙伴、核心资源、关键业务、客户关系、渠道等，通过新的经济模型来实现连接，形成闭环。

二、链改的三个阶段

其实，区块链一出现，链改就开始了，区块链技术从出现到发展已经超过十年，链改同样如此。在这十年中，链改共经历了三个发展阶段。

阶段一：技术链改。

所谓技术链改，就是将区块链当作一门技术，利用技术特性去创造全新的应用场景，或改革原有的应用场景，产生新的用户价值。区块链的创立者，是包括中本聪在内的一批技术极客，甚至可以说，比特币就是这批技术极客用区块链技术改革货币发行体系的一个案例。

这种链改是最古老的链改，已经持续了很多年，也是最主流的链改方式。但是，技术链改进行至今，产出的案例相对较少，影响力也有限。主要就在于，区块链底层技术发展得不成熟，技术链改没有可行性。

阶段二：经济学链改。

经济学链改是最近兴起的一股浪潮，可以定义为：以 Token 为载体的通证。跨时间、跨空间的在投资人、企业家和客户之间调节利益，使三者形成合力，为共同目标而奋斗。

经济学链改刚刚兴起，目前市场上暂时只存在两种 Token 经济学，分别为：商圈 Token 经济学和通证经济学。

（1）商圈 Token 经济学。该经济学的创始人是史伯平等人。商圈 Token 经济学重在研究商圈，主要研究的问题是：在商圈兴起的过程中，增量财富的创造、分配问题和存量财富向高阶转化；然后，将 Token 与商圈的繁荣红利挂钩，使 Token 能伴随商圈的繁荣增值。商圈 Token 经济学适用于各类网络商圈"链改的指导"，能够创造出新的商业模式，使网络商圈不再拘泥于传统的盈利模式，升级到 Token 维度，直接寻找股东利益。

（2）通证经济学。该经济学的创始人是孟岩等人。目前，通证经济学主要聚焦通证体系的设计方法论，用通证去调节投资人、股东和客户之间的关系。通证经济学适合对已有商业模型的链改，通过调和参与人的利益，优化商业模型。优化的结果可能是三方利益的增长，也可能引发新的商业模式革命。

阶段三：思维链改。

思维链改是指用区块链思维来指导经济行为。未来，区块链技术必然会趋于成熟，技术链改也会进入井喷期，Token 经济学的理论会更加完善，经济学链改甚至还能产生几个标杆性案例。以此为基础，就会出现类似互联网思维的区块链思维，思维链改也会正式展开。

未来，思维链改对社会的改变必然是疾风骤雨式的。因为，无论是技术链改，还是经济学链改，都会涉及社群的概念，在一群人中创造信任，形成合力，就能改变世界。这种机制适合新时代的各种行业，能够带来行业商业模式的创新。

当然，直到今天，链改的行动方式与路径还没有比较成熟的方式，依然需要以互联网、数字经济、币改、票改等优缺点为参考，需要不断摸索。但可以肯定的是，链改可以在合规的前提下赋能实体经济与数字经济。

第二节　链改的相关因素及步骤

链改是通过多专业软件技术的整体提升，让传统企业通过数字化改革，全面提升企业工作效率的数据化改造，并在实施改造后，为企业设计一套上链的通证体系，让企业和用户之间的联系更紧密，产生更多的金融属性。

要想进行链改，就要了解与之相关的因素和具体步骤。

一、跟链改有关的因素

跟链改有关的因素有很多，下面我们就以贵阳大数据交易链改方案为例进行说明。

（1）政府性链改数据交易所平台。链改的上架窗口，需要有政府性质的链改大数据交易所，或数据资产交易所。以贵阳大数据交易所为例，要想执行链改上交易所的整个流程，需要有政府批文、可实施的流程方案、专业的运作团队。目前，链改数据资产交易所还处于先行先试阶段，各种设施条件还在不断完善，这就给当下有需求链改的企业提供了更大的机会和空间，慢慢形成更成熟的规则制度、审核机制，比如上市新三板、科创板等。而全国各地，现在都在研究链改落地方案和数据资产交易所的打造，市场需求很大，服务会更便捷。

（2）数据资产价值评估。随着互联网的快速发展，大数据的打造和数据的价值已经融入各行业，而链改落地最重要的一环就是实现技术性的真实数据上链。这里的数据主要包括：企业的经营财务流水、生产订单、采购订单、用户数据、专利发明、商品流通信息、各类别版权等都可以作为数据资产评估的依据。数据的价值在于，数据的打造，真实数据的获取、上链，数据的精准分析，数据的需求关系塑造，资源的匹配等。

（3）区块链技术的实现。链改的根本是区块链技术驱动，能够帮助企业解决应用落地问题，比如实现产品防伪溯源品牌增值；解决产品大范围流通问题；打造企业大数据；解决企业融资问题。区块链技术实现链改，能够解决中小企业的上述经营问题，打破传统"瓶颈"，找到新的突破口，实现企业良性发展，复兴产业经济，重塑品牌建设。一句话，链改的根本在于，区块链技术的研发和落地，技术依然是产业第一生产力。

（4）链改的企业对象。链改能够覆盖到各行各业，如传统型生产企业，生物医疗就涉及医院、保险、电商、供应链、防伪溯源等环节。采用传统思维经营，很容易遇到趋势和经济市场的"瓶颈"，只有通过链改，才能实现先行先试的突破。因此，只有拥抱合作落地，实现共赢，才能找到精准目标、找到需求点。

（5）综合性落地解决方案和合理费用评估及流程。综合性落地解决方案，是链改商业化建设核心的一环，只有合理设计，才能满足企业需求，贴合企业真实的发展情况。比如，针对生产型企业，唯物链防伪溯源就能直接结合实物商品，实现"一物一码一区块"，实现商品数据上链、防伪溯源、提升品牌价值；还能借助终端消费者的真实购买和激活信息，获取到最精准的终端消费者，打造区块链落地的行业大数据。此外，还能促使影视、音乐、小说等版权上链，实现链改。

发行的数据资产，可以合理规划到实际运营建设中，合理设计落地。

比如，消费者只要激活商品，就能获得多少奖励分配；加盟的经销商除了获得产品优惠价，还有多少数据资产锁仓配额、多少上架到交易所进行二级市场交易、留有多少数据资产进行未来生态建设规划等。

合理费用评估及流程如下：

第一步，由区块链技术进行技术落地赋能，实现真实的数据上链；

第二步，设定专业的、合理的商业模式设计规划；

第三步，对接链改交易所，实现第三方数据价值评估，配额发行到交易所，进行二级市场买卖交易。

涉及费用主要包括：第一节，区块链技术服务费，根据实际链改落地需求评估；第二节，交易所对接服务费；第三节，第三方数据价值评估公司服务费；第四节，专业的法务梳理费用。每个运营中心或对接人都能享有技术服务费的分红，或企业发行的数据资产。

二、"链改"的主要步骤

"链改"一般要经过以下几个步骤。

（1）数字化梳理。对公司现有业务流程的梳理，分析切入区块链领域的方向。主要研究的是以下方面的内容：探索"区块链+"在民生领域的运用，积极推动区块链技术在教育、就业、养老、精准脱贫、医疗健康、商品防伪、食品安全、公益、社会救助等领域的应用。

（2）项目立项。分析项目背景、市场背景，提出解决方案，搭建相关机构和网络平台。

（3）通证创设。基于市场主流公链，设立智能合约，依据通证模型，创设相应通证。

（4）项目落地。基于主流公链，开发Dapp和后台系统，进行产品开发与市场推广。

（5）白皮书发布。进行商业生态设计和通证模型设计，发布"项目白皮书"。

（6）私募融资。面向各类区块链投资机构或传统风投，募集项目发展基金。

（7）后续发展。进行市值管理和市场营销，推动通证产生超越价值。

（8）通证流通。推动通证上线主流交易所，产生流通价值。

当然，要想通过区块链思想、技术应用来赋能产业，还要做到以下几点：首先，必须跟国家战略、产业政策及法律合规保持一致，获得基础保障并取得社会支持；其次，社群形成共识，形成自下而上、由外到内的经济体改造模式；再次，站到全球角度进一步优化整合；最后，更离不开媒体的支持，需要不断普及和深化链改教育，实现区块链的产业化，促进社会经济的良性发展。

第三节　链改的目标、层次和逻辑

所谓链改，就是运用区块链技术与经济模型，对传统企业和机构进行区块链改革，利用区块链的去中心化共识机制、不可篡改、可溯源、加密算法等特性，对原有商业模式、产品模式、激励体系、用户体系等进行升级和改进。

一、链改的目标

链改的目标是实现实体产业数字经济的改造，进行实验和示范，达成产业共识与标准，建立健全产业升级平台，助力产业升级与动能转换，拥抱监管，保护投资者的利益。

区块链是分布式数据存储、P2P 传输、共识机制、加密算法等计算机技术的新型组合应用模式，其核心问题是信任问题。在传统经济活动中，信任主要依靠权威契约等方式为之，但这种信任很容易出现问题，使一方或多方遭受损失。

区块链用技术信任替代对人和组织的信任，能够改善社会的信任关系，降低信任成本，从而提高合作效率。另外，智能合约技术还能强化合约的执行，增加对区块链性能的保障。

二、成功的链改

链改的定义比币改要宽泛一些，因为 Token 并不只是币，多数 Token 都不是币，链改比币改的定义更加清楚。

链改能否取得成功，可以从以下五方面的标准来判断。

（1）法规并行。不能违背普遍适用的法律价值观，不能对现行的法律制度造成冲击，可以兼顾传统经济法和区块链法律实践；能够通过跨国法律体系无缝连接的情形，让违约方受到法律的制裁。

（2）利益协调。在过去公司制度下的股东利益、员工利益是否被侵犯，是否可以通过利益协调高效地由公司制定变为区块链组织。

（3）技术安全。企业上链经营其依赖的链是否可以安全传递价值和信任等，其Token能否抵御黑客攻击。

（4）效率提升。能否极大地提升经济协作效率和资源配置效率，其Token既不是通货膨胀，也不是通货紧缩。

（5）范围扩大。能否发育成同一个Token下的经济生态体系。

三、链改的层次

链改可分为以下四个层次，如表9-1所示。

表9-1　链改的层次

层次	说明
科技链改	用区块链技术，就分布式计算、哈希加密、通识分发等的特性，改进自身的信息系统和智能平台，降本增效，实现指数级提升
经济链改	利用区块链基础上的智能合约和通证，改善客户、员工、股东之间的利益分配关系，使各方组成合理的激励体系，最大化地调动员工的积极性，实现共建共赢
商业链改	利用区块链技术背后的哲学和社会学原理，升级企业家经营企业和产业链的指导思想，重构商业模式；结合人工智能、云计算、大数据、5G等科技，解决生产力和生产关系等问题，打造无人公司虚拟股权社会化经营的新商业模式
金融链改	通过企业资产和权益的数字化，进行数字资产的金融市场化，让更多的资金能够参与投资、融资、分红等

当然，以上四个层次，并不需要阶梯式完成，可以用分布式的方式同时进行，充分发挥分布式思想在链改中的价值。

四、链改的逻辑

只有遵照顶层设计、经济基地、技术适用、产业赋能的思路进行链改，才能成功实现链改。

（1）产业赋能。链改必须深入产业进程和产业环境中，落实到为产业赋能这个最终目标上，深刻分析产业进程和产业环境中的数据占有情况和数据流转情况。链改追求的方式，不是从数据占有的角度优化业务流程，而是从业务流程优化的角度重构数据组织和数据的存储方式，把链改的最终目标锁定在产业上，为社会创造更多的价值。

（2）技术适用。链改是区块链发展的必然结果，但区块链从体系架构上沿袭了比特币的架构，本身并不属于链改。因此，必须对区块链现有的技术架构进行改造，要将区块链的基础结构与其他技术结合起来，针对链改需求进行技术的再结构化处理，才能适用于不同行业、不同产业、不同类型等链改目标的内在逻辑。

（3）顶层设计。链改的主要任务是，对业务流程和社会组织治理结构进行改造，影响深远，意义重大。因此必须由高超的顶层设计做指导，不能走一步看一步，更不能摸着石头过河。每个链改项目的对象、前提和目标都不一样，不能照搬照抄。

（4）经济激励。经济学链改是近期出现的一股浪潮，只有以通证为载体，跨时间、跨空间地在投资人、企业家和客户之间实现彼此的利益，三者形成合力，才能为一个共同目标而奋斗。

第四节　链改，企业的必胜之路

一、企业为什么要链改？

链改为传统公司制企业赋能，是一种供给侧结构性改革。标准的区块链经济组织通常都是分布式自治组织，通过发行 Token，凝聚共识，替代传统股份制协作模式，提升生产力，让参与创造财富的各利益相关者都具有组织利益的共治和共享权利，协作效率远超公司制组织。

以广告公司为例。广告公司可以根据员工的贡献打消发放通证。当然，员工收益除了公司发放的通证外，随着公司的日益强大，整个公司的价值也会得到提升，公司发放的通证价值也会逐渐提高，员工会陪伴公司一起成长，收获更多的利益。由此，就能对员工产生正向激励，持续刺激公司的成长。

此外，企业还可以利用区块链技术来降低成本，比如跨国支付；也可以利用区块链技术完成效率的提升，如供应链等。只不过，所有的一切都需要和实际业务相结合，没有需要就不要使用区块链技术。

二、企业如何进行链改？

链改，就是要将思考的核心放在通证经济如何真正落地上，不断升级改造传统的商业逻辑，在无须信任的基础上设计出更高级的商业模型。

首先，要进行思维的转变。链改，必然要牺牲公司部分权益，就像改革一样。农场主开始时可能是免费让工人工作，一旦进行改革，就要给工人发工资。比如，腾讯的市值是由千千万万个员工创造的，而不是马化腾一个人，但马化腾依然能得到员工创造的价值，这时候就要将创造的价值归还给员工。

其次，要了解通证经济。将区块链的重点放在去中心化、去信任化、不可篡改等方向上，并没有触及商业逻辑的核心。通证是商业模式逻辑创新的一个工具，可以创造出不同的玩法，但最终还得遵守本质规律。

三、链改的关键层面

链改的关键层面如表 9-2 所示。

表9-2　链改的关键层面

关键层面	说明
产业数字化	产业数字化有多个名称，比如，需求侧的数字化和供给侧的数字化、消费互联网和产业互联网。通俗来讲，产业数字化就是将数字和传统产业结合起来，运用互联网技术（区块链技术）对传统产业进行连接和重构。其实，每个行业都值得重新用数字化、结构化进行梳理，生产、营销、消费流程等要素都能跟区块链、互联网、物联网、人工智能等进行有机结合
商业通证化	以比特币为代表的区块链技术之所以能够得到快速发展，其通证模型发挥了重要作用，甚至还包含着深刻的博弈论与激励理论原理。以区块链技术为基础的通证经济，必然会对商业模式与价值分配模式进行重塑。好的通证化模型会将每个对系统有贡献的价值创造者创造出来的价值进行有效标记，并合理分配给他；系统产生的价值也会合理配给投资者、创造者、组织者、劳动者和消费者，并确保每个价值的流向都是透明的
融资通缩化	在传统经济模式下，融资的主要方向是通过借贷扩张资产负债表或增资扩股。而基于区块链技术的融资手段，采用的一般都是通缩模式，Token在创设后，多数的总量是恒定的甚至是不断燃烧的，有利于价值的提升
价值超越化	优秀企业生产出来的产品，通常都蕴含着符号化的超越价值，该超越价值就是品牌价值，能满足人类自身更高层次的需求。人们购买一种产品时，不仅会关注产品本身的价值，还看重产品的情怀。而区块链技术本身就是一项深刻的人性化技术，经过区块链改造的传统企业，更容易凝聚共识，实现价值超越化

第五节　区块链行业解决方案

一、农贸交易所链改

随着互联网等信息技术的不断渗入，传统农业展现出了更多的活力，供应链、产业化等概念正被业界越来越多地提及。如今的农业已不再是种植收成满足自家口粮，而是要进行纵深和横向的连接。要想在农业领域走得更远，就要实现流程的连接，比如农业生产、流通、销售、服务等业务，并运用到土地流转、农资采购、生产管理、仓储、物流、销售等环节。

传统的农业供应链主要有三种模式：农户主打经营模式、超市主导经营模式、专业批发市场定向模式。

在第一种模式中，农户与产地批发、销地批发、农贸市场、消费者是分段连接的，中间的每小段都是一个独立链条，几乎没有供应链概念。

在第二种模式中，基本上是由超市打造和管理供应链。

在第三种模式中，还没有建立完整的信息物流，更别提供应链的概念了。

未来，农业的供应链服务重点是，重组现在的农业流通链条，在产销之间架起一座高速通道，在电子商务企业与用户之间搭建一个桥梁，把分散的农产品汇集起来，加工、包装，形成标准化产品。一方面，对接电子商务销售渠道，解决销售端的"痛点"，同时为农户弥补供应链管理的短板。另一方面，将供应链变成一种运营模式，从复杂的市场需求，提取出共同点，形成规范，让农户简单对接起来，为不同用户群体和渠道，进行精准的对接服务。

农贸交易所链改如图 9-1 所示。

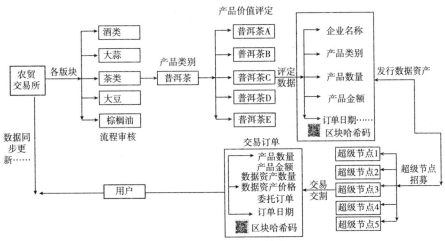

图 9-1　农贸交易所链改

二、医疗链改方案

1. 医疗行业链改的目的

医疗行业进行链改，主要目的有以下三个。

目的一：解决患者和医院之间的相互信任问题。

目的二：解决患者、医院和保险机构之间的数据共享连接和信任机制问题。

目的三：优化医保系统和医院及患者之间的数据共享和简化流程问题。

权利制度：患者和医院方各持有私钥，医院方通过私钥进行数据更新，管理审阅；任一方未获得患者私钥或者患者授权，已有病历数据无法进行修改。所有数据分布存储在公共节点、医院节点、保险机构节点、医保中心节点和其他节点上，数据同步、合约共识。

2. 医疗行业链改的内容

区块链技术链改的主要内容包括以下几方面。

（1）医疗数据存储及保护患者隐私。医疗是一个信息丰富、极度不对称又必须记载的领域，但目前医疗机构并没有高质量且能够保护网络安全的方法。再加上其高度中心化的数据存储方式，跟传统纸质病历原始化的保管存储方式相比，患者隐私和患者敏感医疗数据的安全性得不到有效保障。

区块链技术的分布式核算与存储机制，患者可以通过区块链保存自己的医疗数据，再就医或转院就医时，就能快速调取和控制个人医疗历史数据，不用担心信息被篡改，最大限度保障医疗诊断的准确性和有效性。

区块链技术的加密机制，即公钥和私钥的设置，因私钥的唯一性，患者可选择性共享个人医疗数据，既能保证医疗信息的共享和公开透明，又能保证患者的隐私不被泄露。

（2）解决医疗机构的"信息孤岛"。多年以来，我国都在大力进行医疗改革。不仅大力推进医保改革，致力于推进医疗服务平等，还普及了全国医疗机构电子病历，打破了一直以来的医疗机构"信息孤岛"问题。但即便如此，各医疗机构之间仍然存在"访问壁垒"问题，相互之间在功能上不关联、不互助，信息不共享，信息与业务流程和应用相互脱节。如果患者要进行跨院、转院，很容易造成误诊和病情延误等问题。

运用区块链技术，全国乃至全世界的医疗机构，都能在全球范围内访问患者精准的医疗数据，甚至从出生到老去的所有医疗数据都可提取和查阅，为患者疾病的诊断和治疗提供便利。

此外，运用区块链技术，还能推动医学界对疑难杂症的攻克。原因在于，巨大且全面的数据病例整合，跟世界范围内的顶尖医疗信息资源共享，能够为治疗疑难杂症提供丰富的佐证和判断。

（3）改善医疗资源不均衡问题。关于医疗资源不均衡的问题，不只是中国，世界各国未来也依然有很长的路要走。而区块链技术对于这一问题的解决，有着非常大的潜力和畅想。医疗资源的极度不平衡和人们对于权威的依赖信任，使得权威类三甲医院人满为患，而普通医疗机构则鲜有人问津，造成了部分医疗资源浪费和部分医疗资源紧张的矛盾。区块链技术能够实现信息共通和共享，患者的医疗信息同样如此。设定一个能够联通世界各国医生及医疗资源的区块链平台，链上权威医疗机构或医生就能进行病历查阅，给患者做出病情诊断；转院后，或者再次就医，患者就能将此份诊断交付于当地医疗机构，进行病情分析和参考，不仅有利于患者疾病的治疗，更能让整个医疗行业实现资源共享和技术探讨。

（4）保证和维护药品安全。近年来，假药、假疫苗造成的恶劣影响和后果令人痛心不已。区块链技术的可溯源特性能够最大限度地保证病患的用药安全。将区块链技术与药品供应链结合起来，药品从生产到流通再到分发和使用等所有环节，都不会出现问题或纰漏，即使遇到问题，监管部门也有迹可循。如此，就能最大限度从源头保证药品的安全性，有效杜绝问题疫苗和问题药品流入市场。

（5）诊疗支付结算流程复杂，成本高效率低。到医院看过病的人都知道，看病诊断、各项检查以及支付结算的各个流程非常烦琐，浪费时间。不仅如此，纸质病历、诊疗账单、医生处方等患者原始医疗数据的存储和管理方式，会造成人力、物力、财力等资源的冗余问题，办事效率低下。运用区块链技术，就能上链患者所有的医疗记录，降低数据管理存储和纸质资源成本。同时，还能通过区块链技术的智能合约，预先设定患者身份管理、验证和交易处理，以及医疗保险赔付等环节，大幅提升诊疗和赔付效率。

医疗链改如图 9-2 所示。

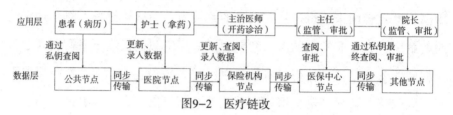

图9-2　医疗链改

三、数字资产影视等链改方案多合一

目前，电影的版权问题目前是一个难以有效解决的问题，阻碍电影行业的发展。

版权交易的过程，安全性低，有些人甚至还会借影视投资的名义进行众筹，如果不了解专业知识，就无法找到正规专业的投资渠道。区块链的去中心化、去信任化、高度透明化、可溯源等特性，正好能解决这些"痛点"。

基于区块链技术，使用电影链平台，能够覆盖影视行业的投资、作品发布、版权 IP 交易等方面。用户可以根据自己的经济能力、爱好喜悦、发展预测等进行电影投资，电影上线后的收益就是直接回馈。

影视链以区块链技术、智能合约等为基础，实现了权属的海量切割、流转过程的追溯、收益分红管理等，使得影视链资产投资变得小额化、平民化。所有交易的过程平台，包括基于区块链技术打造的商品、资产交易场所、交易过程等都被记录在底层分布式区块链账本中，减小了运营过程中暗箱操作的可能，确保交易环节权益和价值的准确传递，实现了数据的公开透明，净化了平台交易环境。

区块链，给传统影视投资行业带来了巨大变革，只要将区块链运用到影视投资行业，就能帮助影视行业解决各种问题，推动影视投资的进一步发展。

数字资产领域的链改如图 9-3 所示。

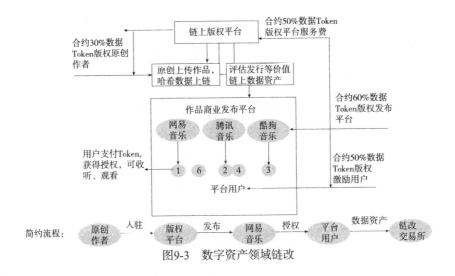

图9-3　数字资产领域链改

四、政务发票系统链改

以人工智能、区块链、云计算和大数据为代表的新一代信息技术的出现，为电子发票的进一步发展提供了技术支持。其中，区块链技术最为典型和直接。其以去中心化、信息不可篡改、完整追溯等主要特点，与发票业务多用户、多环节、链条紧密等业务特点天然契合，为下一代发票电子化提供了良好的技术支持。

比如，深圳市推出的区块链电子发票就是这一理念的创新。使用区块链技术，一张小小的发票信息具备了分布式存储、全流程完整追溯、不可篡改等特性；同时，通过"资金流、发票流"二流合一，还实现了"交易即可开发票"。

区块链发票很高大上，但如果要查询发票的真伪，在全国增值税发票查验平台查询，根本就查不到。因为它不是基于税控平台开具的发票，而是由非增值税发票管理系统开具。从这方面来说，它和通用机打发票并无差异，具体查询的时候，需要进入发行地税务局网站进行查询，而不是全国通查。

147

区块链电子发票，交易即开票，开票即报销。对于税务监管方、管理方的税务局来说，可以实现全流程的监管创新，实现无纸化智能税务管理，能更方便地控制流程；对于商户来说，通过区块链电子发票，还能提高店面的运转效率，节省管理成本。此外，企业开票、用票也更加便捷和规范，可以在线申领、在线开具，还可以对接企业的财务软件，实现即时入账和报销，真实可信，甚至还能拓展到纳税申报。

区块链电子发票的落地，对于纳税服务方的税局，是一个创新落地和服务的提升。区块链电子发票通过"资金流、发票流"的二流合一，将发票开具与线上支付结合起来，实现了"交易数据即发票"，有效解决了开具发票填写不实、不开、少开等问题，保障了税款的及时、足额入库。此外，通过区块链管理平台，还能实时监控发票开具、流转、报销等流程的状态，对发票实现全方位管理。

日常消费的时候，消费者只要通过手机微信功能结账后，就能自助申请开票，一键报销，发票信息还能实时同步到企业和税务局，并自动拿到报销款，免去了来回奔波的劳碌，更加便捷。

政务发票系统的链改如图9-4所示。

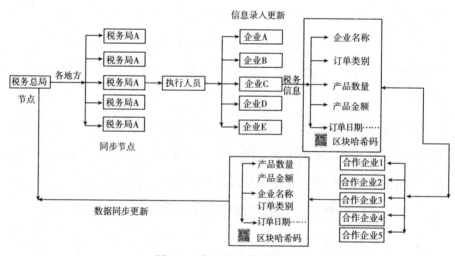

图9-4　政务发票系统的链改

五、公益慈善链改方案

如今，只要聊到慈善，很多人都会想到红十字会；而说到红十字会，很多人的第一反应可能不是公益活动，而是贪污、腐败等一系列丑闻。公益事业的负面新闻，影响了国内慈善事业的氛围，人们对某些慈善项目失去信任，就会拒绝为慈善出力。理由很简单，就是为了抵制不正之风，避免自己的钱落入贪官口袋，没有真正用到慈善事业上。

其实，慈善捐款确实存在一个问题，即慈善款项去向不明、信息不公开。而百姓之所以愿意参加公益项目，就是想让自己捐赠的每一笔善款都能帮助到需要帮助的人，代表着他们的爱心和善意。这种行为本身就是自愿的，一旦曝出款项被贪污、滥用等不法行为，百姓就会觉得自己的善意被践踏，从而放弃奉献爱心的机会。

区块链作为一个去中心化的账本体系可以改变这个情况。因为区块链不可篡改、公开透明，正好能帮助追踪善款的去向。此外，区块链＋慈善还有这样一些好处。

（1）增加百姓信任度。区块链是一个信任的基础设置，使用区块链技术，就能构建信任，消除中间机构的处理环节，做到点对点交易。

（2）降低交易成本。利用区块链的点对点交易，直接将钱定向转给受助人员，减少中间环节，还能免去部分手续费。

（3）增强善款的透明度。所有善款的流转都支持上链，记录公开透明、不会被篡改，所有的百姓都能看到。

公益慈善领域的链改如图9-5所示。

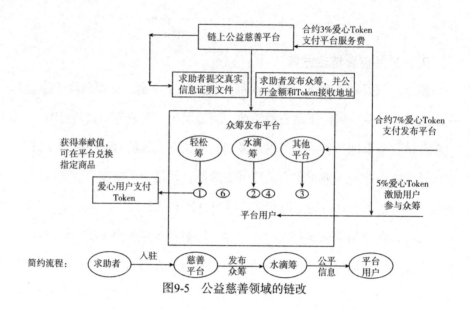

图9-5 公益慈善领域的链改

六、公路交通的链改方案

1. 交通链改

交通运输行业数据主要分为两类。第一类是交通基础设施数据，包括公路、铁路、港口、机场等各类设施的基础数据以及在运营使用过程中的各类交通数据流，交通管控中产生的各类管理数据等。目前，交通运输行业各类业务信息管理系统有700多种，数据规模达到PB级。第二类是与交通运输相关的行业数据，包括规划、土地资源、气象、环境等。

（1）交通运输行业数据应用的问题。主要表现在以下几个方面。

①数据资源开放共享程度不够。主要表现为交通运输各行业之间、各地区之间、政府与企业之间还没有形成有效的数据共享机制，存在严重的"信息孤岛"问题。

②数据资源价值挖掘深度不足。主要表现为行业内缺少对交通运输行业数据的价值挖掘、没有统一的数据标准、缺少数据处理与分析的关键技术等。

③数据信息安全防护面临较大挑战。目前，数据库软、硬件国产化率较低，还没有形成统一的数据加密与传输标准，容易对数据传输和共享造成障碍。

交通运输部公路科学研究院和百度公司共同打造的"基于开放式综合交通出行服务信息应用云平台"，进行了交通大数据的应用探索。"云平台"的建立，在一定程度上解决了数据共享问题，但并没有从根本上解决数据外泄和系统安全问题。

关于区块链数据的存储和共享机制，国内外已经进行了很多研究。这些研究探讨的问题是，在不同应用场景下，如何在区块链上存储可信数据？最终得到的答案有两个：一是要利用区块链不可篡改的特性保证数据的安全性；二是要在保证隐私的前提下，将存储在链上的数据共享给具备访问权限的用户。

（2）区块链助力。从技术角度来说，"区块链＋云计算"模式是解决目前交通大数据平台搭设及数据应用问题的有效方案。如今，微软、IBM、阿里、腾讯等云平台服务商都通过 SaaS 服务的方式搭建了区块链服务，可以从技术层面解决云平台不能解决的数据共享和安全问题，还可以规避区块链技术工作效率低和存储受限等问题。

此外，运用"区块链＋云计算"的模式，还可以解决交通行业数据与公安系统数据、气象部门数据等跨行业数据的共享问题。该问题得到解决，不仅可以在交通出行方面进行数据应用，共享的综合大数据还能在大数据治超、交通流量分析预测、高速公路通行费追逃等方面发挥强大作用，形成一个完整的交通行业区块链服务平台，促进智慧交通的发展。

2.公路链改

区块链技术在金融结算领域的应用场景较多，技术也相对成熟。2020年，我国全面取消省界收费站，实行全国联网的 ETC 收费模式。目前，

ETC 收费模式是典型的中心化记账模式，即部中心连接多个省级中心，将收费数据进行一级拆分，各省级中心负责本区域内的联网高速公路的二级拆分，一般拆分周期为 5~7 天。

利用区块链技术，可以将中心化的记账模式改为弱中心化或多中心化的模式。各省内路段公司、银行、联网中心和 ETC 中心会组成一个弱中心化的联盟链，即省级中心监管节点，各省中心和部中心能够组成一个联盟链，即部中心作为监管节点。

收费数据随时上链记录，资金随时流转到各路段公司账户，具体的拆账模式是：根据预先设定好的拆分规则建立一个智能合约，达到拆分条件时会自动触发智能合约，然后同步完成拆账和银行转账。这种模式的最大优势是，能够提高资金的利用率，消除资金在联网中心的冗余；同时，引入智能合约，还能消除误拆现象，保证收费数据和金融流转的无缝对接。

第十章
区块链的广泛应用领域

第一节　区块链在金融领域的应用

数字经济时代，数字化已经渗入各行各业，其中金融服务是目前区块链技术落地项目最多、场景最丰富的行业之一，比如供应链金融、资产证券化、征信与风险控制等。对于金融行业来说，数据是最核心的资产，在风控和信用中扮演着重要角色，在解决信息方面有着独特的优势，被金融行业广泛应用。

一、区块链对金融领域的影响

区块链的分布式存储和数据不可篡改特点，与金融领域对信息和数据安全、交易数据的保护要求相契合。因此，区块链可以对金融领域造成以下重大影响。

1. 提高金融服务效率

金融服务业是全球经济发展的重要动力，也是中心化程度最高的产业之一。传统的金融服务模式存在很多问题，比如信息传输效率低下、金融服务成本较高等，已经无法满足市场发展的需要。而区块链技术的分布式存储、不可篡改、时间戳验证等特性，可以帮助金融行业优化金融基础结构、降低信息不对称的程度、提高金融服务效率、降低成本。例如，某企业计划向银行贷款，通常银行需要对企业的各项资质进行审查。对于银行来说，贷款前审查成本较高，还可能发生企业篡改数据、银行审查不充分等问题，基于区块链技术，银行贷款前的调查和贷款中审核，都能通过电子化流程处理；同时，依靠区块链不可篡改的特性，可以大大提高银行审查质量、提升金融服务效率。

2. 增强信息储存

区块链技术出现以前，进行境内外交易时，需要依靠中介机构来完成交易主体间的具体清算事宜。以银行业为例，银行作为第三方中介的结构体系，每发生一笔业务，都需要银行与消费者、银行与商家、银行与央行之间实现信息的衔接，完成支付程序。该程序异常复杂，银行需要多次核对账目、结算清查才减少纰漏的发生。各国的清算程序不同，导致一笔汇款需要 2~3 天才能到账，效率很低，资金占用量极大。区块链技术为传统银行业改善自身经营模式提供了技术支持。在区块链体系中，各区块都携带着上一段交易的信息，还能在链条上储存共享，减少传统交易过程中复杂的流通程序。

3. 加强数据的安全与保护

在金融业务中，为了维持信息流与资金流之间的对接工作，金融机构需要耗费大量人力和财力。可即便如此，也无法维持交易主体之间的交易平衡。例如，两个公司结算货款，由银行作为中介，如果企业之间的信息没有通过银行准确对接，信息没有被有效传递，一旦数据缺失就会造成巨大损失。而利用区块链技术，即使不用第三方中介参与，也能直接交易。通过链上的不同区块完成溯源工作，流通资金经过的每个环节、每个经手人都将被实时记录，利用区块链技术的分布式记账与不可篡改性，就能加强数据安全与防范金融风险。

二、区块链的金融领域的应用

区块链技术在金融领域的应用主要有以下几方面。

1. 清算和结算

在清算和结算领域，不同金融机构间的基础设施架构、业务流程各不相同，还涉及很多人工处理的环节，不仅会增加业务成本，还容易出现差错。传统的交易模式是双方各自记账，交易完成后，双方需要花费大量的人力物力进行对账。而且，数据完全由对方记录，无法确保其真实性。而区块链上的数据是分布式的，每个节点都能获得所有的交易信息，一旦发现变更，就会通知全网，避免了篡改的可能。更重要的是，在共识算法的作用下，交易过程和清算过程能够同步实现，一旦交易过程完成了价值转移，也就完成了资金清算，如此不仅能提高资金结算和清算效率，还能极大地降低成本。在此过程中，交易各方都能获得良好的隐私保护。例如互联网微众银行，其合作方式是联合放贷，资金的结算、清算显得尤为重要。

2. 数字票据

现阶段票据市场主要面临的问题有：第一，票据的真实性有待商榷，假票、克隆票层出不穷；第二，划款不够及时，票据到期后，承兑人无法及时将资金划入持票人的账户；第三，由于票据的审验成本及监管对银行时点资产规模的要求，市场上催生了众多票据掮客和中介，引发了不透明、高杠杆错配、违规交易等现象。借助区块链技术不可篡改的时间戳和全网公开的特性，就能有效防止传统票据市场"一票多卖""打款背书不同步"等问题，降低系统中心化带来的运营和操作风险。还能借助数据透明特性，促进市场交易价格对资金需求反映的真实性，控制市场风险。

借助区块链，票据业务可以搭建一个可行的交易环境，减少信息的互相割裂和风险。在数据上，能够有效保证链上数据的真实性、完整性；在治理上，不用中心化系统或强信用中介做信息交互和认证，只要通过共同算法解决信任问题即可；在操作流程上，不仅反映了票据的完整生命周期，还能实现从发行到兑付的每个环节的可视化，确保票据的真实性；在风控上，作为独立的节点，监管机构可以参与监控数据发行和流通全过程，实现链上审计，提高监管效率，降低监管成本。

3.供应链金融

在供应链金融上，为了确定与生产链管理相关的参与方以及产品产地、日期、价格、质量和其他信息，区块链将分类账上的货物转移登记为交易。任何人都不能拥有分类账的所有权，也不可能为牟取私利而操控数据。再加上交易已经被加密，不可改变，所以分类账几乎不可能受到损害。同时，通过区块链，供应链金融业务能大大减少人工介入，将通过纸质作业的程序数字化。所有参与方（包括供货商、进货商、银行）都能使用一个去中心化的账本，分享文件并在预定时间内进行支付，不仅极大地提高了效率，还减少了人工交易可能造成的失误。

4.资产证券化

依靠区块链去中心化、开放性、共享性等特征，区块链证券交易系统不仅能提高证券产品的登记、发行、交易与结算效率，还能有效保证信息安全与个人隐私。

5.征信

征信市场是一个巨大的蓝海市场。传统征信市场面临"信息孤岛"的问题，一直都无法解决：如何共享数据且充分发掘数据蕴藏的价值。区块链技术为这一难题的解决提供了全新思路。

首先，提高征信的公信力，使全网征信信息无法被篡改；

其次，降低征信成本，提供多维度的精准大数据；

最后，消除"数据孤岛"，数据主体通过某种交易机制，用区块链交换数据信息。

此外，要想实现这种高效的征信模式，还要解决业务场景、风险管理、行业标准、安全合规等系列问题。

6.资产托管

典型的托管业务流程一般都涉及多方，同时由于单笔交易金额大，各方都有自己的信息系统，多数交易方都是用电话、传真和邮件等方式进行信用校验，既浪费时间，又浪费人力。而区块链的使用，能有效解决这个问题。

举个例子。邮储银行采用超级账本架构，将区块链技术成功应用到实际营业环境中，实现了信息的多方实时共享，省去了重复信用校验的过程，将原有业务环节缩短了 60%~80%。另外，区块链具有不可篡改和加密认证的特性，交易方能够快速共享必要信息、保护账户信息安全，采用较低的成本，就解决了金融活动中的信任难题，为多方交易带来了史无前例的信任和信用的高效交换。

7. 用户身份 / 账户识别

在用户身份识别方面，不同金融机构间的用户数据无法实现高效交互，进行重复认证，需要支付较高的成本，还容易被某些中介机构泄露信息。采用传统方式，要想了解客户，需要耗费很长时间；再加上缺少自动验证消费者身份的技术，自然就无法高效地开展工作。

在传统金融体系中，不同机构间的用户身份信息和交易记录无法进行一致、高效的跟踪，监管机构的工作无法落到实处。账户认证要求保护用户隐私、保障账户安全，需要借助极高的标准化程度和加密技术；每日数以十亿计的用户数和更多的账户数据等待验证，则离不开更高的自动化程度。

8. 跨境支付

在支付领域，区块链技术的应用有助于降低金融机构间的对账成本及争议解决的成本，提高支付业务的处理速度和效率。这一点，在跨境支付领域的作用尤其明显。目前，跨境支付结算，每笔汇款所需的中间环节不仅耗时，还需要支付大量的手续费，其成本和效率也成了跨境汇款的"瓶颈"。借助区块链平台，不仅可以绕过中转银行，减少中转费用，还能借助区块链安全、透明、低风险等优势，提高跨境汇款的安全性，加快结算与清算速度，提高资金利用率。

第二节　区块链在农业领域的应用

农业，是地球上最古老、最基础的行业。跟其他行业相比，农业进化显得异常迟缓。但区块链的出现，让这种进化加速了。在今天的农业领域，传感器、App、电子表单等数字技术已经替代了传统管理方式，区块链与农业数据的融合，为农业供应链提供了单一数据来源，最大限度地减少了记录保留和维护多个系统的工作，可以更轻松地处理农业作物问题，比如跟踪、管理和处理，大大节省时间和成本。

一、我国农业现状

（1）从食品安全角度来看，部分企业和个人一味追求利益最大化等，造成食品安全问题不断，使得人们对食品安全不放心。

（2）从资源可持续发展情况来看，在农业生产过程中会产生大量的资源和能源消耗，致使生态环境遭到破坏，对生态安全和人民健康造成了最直接的负面影响。

（3）从信息化程度来看，中国农业信息化、现代化进程才刚刚起步，需要引入更多的先进技术，提升农业智能化水平。

（4）从农业生产经营形态来看，目前农业生产经营一部分地区依然用传统、粗放的方式生产，仍然是靠天吃饭的状态。

二、区块链在农业的应用场景

我国农业与区块链技术结合，可以实现六大场景应用。

1.农业保险跟区块链的融合

农业保险品种少、覆盖范围小，总会出现骗保事件。将区块链与农业保险结合到一起，农业保险在农业知识产权保护和农业产权交易方面就能获得极大的提升空间，还可以简化农业保险流程。另外，智能合约是区块链的一个重要概念，将智能合约概念用到农业保险领域，会让农业保险赔付更加智能化。比如，过去如果发生了严重的农业自然灾害，理赔周期一般都比较长。将智能合约运用到区块链，只要成功检测到农业灾害，就会自动启动赔付流程，提高了赔付效率。

2.将区块链运用于供应链

对于农业产品来说，从生产到销售，从原材料到成品，到最后抵达客户手里……整个过程涉及的环节，都属于供应链的范畴。目前，供应链涉及几百个加工环节、几十个地点，数目庞大，不便于供应链的追踪管理。使用区块链技术，就能在不同分类账上记录下产品在供应链过程中涉及的信息，包括负责企业、价格、日期、地址、质量以及产品状态等，交易会被永久性、去中心化地记录下来，如此就降低了时间延误、成本和人工错误。

3.农村金融对区块链的合理使用

新型农业经营主体申请贷款，需要提供相应的信用信息，需要依靠银行、保险或征信机构等记录的信息数据。可是，这里存在很多问题，比如信息不完整、数据不准确、使用成本高等，借助区块链，就能依靠程序算法将海量信息自动下载，并存储在区块链网络的每一台电脑上，信息透明、篡改难度高、使用成本低。因此，申请贷款时，即使没有银行、征信公司等中介机构提供的信用证明，只要调取区块链的相应信息数据即可。

4.将区块链融入物联网

目前，农业物联网之所以无法被大面积推广，主要因素就是应用成本和维护成本高、性能差；物联网是中心化管理，一旦物联网设备暴增，数据中心就需要投入无法估量的基础设施与维护成本。物联网和区块链的结合，有利于这些设备实现自我管理和维护，不仅能够省去以云端控制为中心的高昂维护费用，还能降低互联网设备的后期维护成本，提升农业物联网的智能化和规模化水平。

5.将区块链用于质量安全追溯

在农业产业化过程中，生产地和消费地距离一般都较远，消费者根本无法了解生产者使用的农药、化肥，以及运输、加工过程中使用的添加剂等信息，对农产品安全产生质疑。借助区块链技术的农产品追溯系统，数据一旦被记录到区块链账本，根本无法改动，依靠不对称加密和数学算法的先进科技，能够从根本上消除人为因素，让信息变得更加透明。

6.区块链助力大数据

传统数据库的三大成就分别是：关系模型、事务处理和查询优化。数据库技术一直都在发展和变化，未来随着信息进村入户工程的进一步推进、政务信息化的进一步深入、农业大数据采集体系的建立，就需要以规模化的方式来保障数据的真实性和有效性了。而以区块链为代表的技术，对数据真实有效、不可伪造、无法篡改等要求，是一个新的起点和要求。

用区块链、大数据、人工智能等新技术打造绿色农产品供应链，就能打通供应端和消费端流通渠道，建立起从田间到家庭餐桌的农产品监控体系，平衡供给端和消费端需求，优化供应链条，让餐桌上的食品更健康、更安全。

三、区块链进入农业面临的挑战

在农业领域，区块链面临着这样几个挑战，如表10-1所示。

表10-1　区块链在农业领域面临的挑战

挑战	说明
技术需要优化	区块链虽然很高大上，但从目前的应用来看，区块链的发展还处于初期，底层技术还存在一定的制约。比如，区块链技术最大的挑战就是吞吐量、延迟时间、容量和带宽、安全等。农业是一个有生命的产业，需要进一步突破区块链的技术限制，实现区块链和农业的融合
技术进入门槛高	区块链技术复杂，涉及密码学、计算数学、人工智能等很多前沿技术，普通工程师都无法在短期内掌握。农业信息化是国家信息化的"短板"，现阶段最缺乏的就是农业信息化的人才，懂农业的人不懂信息化，懂信息的人不懂农业。区块链作为一种新型计算机范例，在农业领域的应用本来就比工业慢几拍，所以进入农业的门槛极高
应用场景需继续拓展	如今，多数区块链的应用场景可以分为：虚拟货币类、记录公证类、智能合约、证券、社会事务等。这些场景跟农业不太搭边，缺少符合农业农村特点、接地气的应用场景。区块链以互联网为基础，在开拓农村互联网市场的过程中，要不断去拓展区块链的应用场景，只要有一个庞大的用户群参与区块链，其价值就能真正体现出来

第三节　区块链在物流领域的应用

最近几年物流行业的发展有目共睹，特别是电子商务的火热，更带动了物流行业的发展。如今，物流快慢已经成为一个店铺是否优秀的评判标准。

买家都非常看重物流速度，虽然现在顺丰和京东自营物流等基本上已经实现了当天到达，但还是满足不了消费者的需要。这时候，区块链就有了用武之地。

一、物流行业面临的挑战

如今，物流行业基本都是几家独大，这种情况并不利于物流行业的发展。对于传统物流行业来说，中小型物流公司的送货量和配送地都有很大的局限性，无法脱颖而出。借助区块链，可以让小公司扩大经营，降低宣发成本，比如特定服务、定制产品。

众所周知，要想打造卓越的物流，需要大量的实物流、信息流、资金流等的协同，里面包含着大量未被挖掘的价值空间。主要原因在于，物流领域是高度分散化的、高度竞争的，存在众多小微企业甚至个体从业者，容易出现透明度低、非标准化流程、"数据孤岛"等问题。

其次，物流价值链的许多环节也会受到监管当局的手工流程管控。例如，进出口企业需要依靠人工数据录入或纸质文档来满足海关要求，加大了货物运输及位置追踪的难度，容易带来贸易摩擦。借助区块链，就能有效克服这些摩擦，并大幅提高物流效率。此外，内部安全机制提高了信任，有利于信息共享的实现。

二、区块链在物流领域的应用

区块链在物流领域的应用主要有以下几个方面。

1. 基于区块链技术的供应链金融

Hyperledger 是区块链的主要实现技术框架之一，共包括三大组件：区块链服务、链码服务和成员服务。其中，区块链服务提供了一个分布式账本平台，多个交易被封装进区块中，多个区块按时间顺序串联在一起，形成一条区块链；而链码服务，则主要用来验证节点，成员服务主要负责管理用户标识、隐私、网络的保密性和可审计性。利用分布式账本技术和共识机制技术对交易信息进行存储，能够解决资金端的风控成本持续走高问题，降低资金风控成本，解放商业汇票、银行汇票等使用场景，顺利转让。

2. 完整的供应链透明度及可追踪溯源

目前，使用区块链技术，很多项目都实现了完整的供应链透明度和物源监控。收集到的货物大数据，被存储在区块链系统中，数据就会被永久保持且易于共享，供应链参与者就能进行更加精确的跟踪。例如，企业可以利用这些信息为药品运输提供合法性证明、证明高档消费品的真实性等。这些举措为消费者提供很多便利，容易找到所购买产品的更多信息，比如：产品来源是否合规、是否源自原产地、是否在正常条件下保存等。

3. 调度车队

物流行业都有自己的车队，当车队数量达到一定级别时，车队的调度就变得非常重要。传统的物流行业并不能实现最优车队调度方法，真实价值低于预期价值，内部调度会浪费很多资源。借用区块链，就能实现最优化的车队调度方案。每台车子的信息都被更新显示在链上，利用机器学习就能将物流任务交付给最合适的司机，不仅能减少人工调度员的需求量，还可以降低物流供应商的成本，给顾客带来更优体验。

4. 物流商品资产化

区块链技术可以实现商品的资产化和价值化，而要想实现这一点，物流公司需要有更高的质量保证。区块链上记载的资产不可更改伪造，运输的货物商品具有唯一所有权，物流链上的所有信息都变得可追溯。此外，通过智能合约的节点进行商品删选，不仅能保障社会安全不运输违禁物品，还能保护消费者隐私，增强消费者对物流公司的信任，促进社会和谐。

5. 全球贸易的快速精益物流

物流是现代世界的生命线，每年约 90% 的世界贸易量都是由国际航运业展开的。但是，背后的物流却异常复杂，涉及众多参与方，存在一定的利益冲突，需要使用不同的系统跟踪货物。因此，提高物流效率，就能对全球经济产生重大影响。

6. 物流业务过程的智能合同

在物流行业，很多货运发票都存在数据不准确的问题，不仅容易引发纠纷，还降低了物流行业的流程效率。在整个物流和结算过程，包括贸易融资领域，区块链具有巨大的潜力，能够提高效率，便于解决物流行业纠纷。

第四节　区块链在教育领域的应用

2016 年 10 月工信部颁布的《中国区块链技术和应用发展白皮书》中指出："区块链系统的透明化、数据不可篡改等特征，完全适用于学生征信管理、升学就业、学术、资质证明、产学合作等，对教育就业的健康发展具有重要价值。"全民教育时代，教育市场变得异常庞大，随着关注度的提升，线上教学、视频教学、直播授课等需求激增，为了满足这种需求，就要借助科技手段，优化现有教育模式，"区块链 + 教育"则被寄予厚望。

一、教育领域面临的难题

在新旧思想碰撞的今天，教育资源面临的难题，如表 10-2 所示。

表10-2　教育领域面临的难题

问题	说明	分析
中小学教育中的问题	学籍问题	如今，很多地区的小学、初中乃至高中都实行统一的划片上学制，优质学校片区的孩子通常都能享受到更高质量的教育，直接带来的结果就是学区房价格不断提高，人们任意篡改学籍和户口本、学籍信息不完善等，为了确保教育资源的合理分配，需要学生不断填写重要信息
	教学资源问题	各省市学校，不仅存在教材版本的不同，比如"人教版""苏教版""冀教版"等，老师使用的参考资料也存在巨大差异。各地区、各学校的教师，都有自己的教学方法和教学素材，学校都是多媒体教学，让老师亲自制作教学课件，很容易造成教育资源的浪费

问题	说明	分析
高等教育中的问题	学籍档案问题	对于大学生来说，证书、档案等都影响着将来的就业。可是，毕业生的户口不同、认证等级证书不同，毕业后甚至还可能转向其他地区或单位工作，只要一个环节出现问题，就可能失去查询的依据，比如档案丢失、信息伪造等
	考研出国乱象	由于国内环境所限，信息的不对称性，各种打着考研、出国幌子的黑中介层出不穷，还包括黑教育机构。没有可信任的机构，没有可查询途径，有钱都不知道如何花……这些都是国内出国留学的现实景象。此外，国外证书是否被承认，也不知道如何查询
学术领域的问题	学术造假	学术领域涉及论坛、实验、课题等项目问题，存在很多造假问题，根本就不知道：谁是原创，谁最先发现。只有处理好隐私、验证和确权等问题，才能让实验室的结果不再被剽窃、论文的发布不再被抄袭、课题的研究不再被篡改等

二、区块链技术在教育领域的应用

区块链是继云计算、物联网、大数据之后的又一项颠覆性技术，受到各国政府、金融机构以及科技企业的高度关注。在教育领域，区块链也发挥着举足轻重的作用。其应用主要体现在以下几个方面。

（1）打造智能化教育平台。只要嵌入智能合约，区块链技术就可以完成教育契约和存证，构建起虚拟经济教育智能交易系统。该交易平台可以为客户提供在线学业辅导和工具下载等服务，学习者完全可以根据自己的学习需求选择恰当的学习服务，包括　对　在线辅导、知识点精讲微课、难点习题讲授等，所有资源和服务都可以依据学习者的个性需求实现自主消费。

（2）构建安全、可信的教育资源新生态。开放教育资源的蓬勃发展，为教育者和受教育者提供了大量免费、开放的数字资源，但也面临着很多问题，比如版权保护弱、资源质量低等。因此，构建安全、高效、可信的开放教育资源新生态，也就成了目前教育领域发展的新方向。借助区块链，这些问题就可能被解决掉，推动教育事业向更高层次发展。

（3）建立个体学信大数据。在教育领域，区块链技术可以用作分布式学习记录与存储，任何教育机构和学习组织都能跨系统和跨平台地记录学习行为和学习结果，并永久保存在云服务器，形成个体学信大数据，解决目前教育领域存在的信用体系缺失和教育就业中学校与企业相脱离等问题。

（4）开发学位证书系统。随着就业市场竞争的加剧以及科技的发展，学历造假成为阻碍教育全球化发展的重要因素。为了解决这一问题，可以尝试引入区块链技术，构建全新的学位证书系统，实现学历信息的完整和可信记录。

（5）实现真正的"自组织"运行。区块链与在线社区的结合，也是区块链技术在教育领域很有前景的应用方向。只有借用区块链技术，优化和重塑网络学习社区生态，才能实现社区的真正"自组织"运行。

第五节 区块链在医疗领域的应用

区块链技术的提升，改变了各行各业的发展方向，取得的成果也越来越显著。医疗是民生领域比较重要的行业，随着社会经济的发展，人们对医疗卫生的需求也日益提高，给现有的医疗技术或医疗体系带来了新的压力。行业的不断发展离不开科技的进步，区块链技术又能为医疗卫生事业带来什么改变呢？

一、医疗卫生领域现状

医疗领域的现状，主要具有以下几个特点。

（1）数据化程度低。随着互联网的发展，医疗卫生领域的数据化程度不断提高，不管是从医疗设备，还是从医疗服务的角度来看，电子化的趋势也越来越明显。目前一些三甲医院的医疗设备及医疗服务的水平较高，但是中等偏下的医院还处于更新换代的阶段，数据化能力较低；而且，在临床医学方面，基本不存在数据的采集与利用，患者与医生或制药商之间的沟通处于断裂状态，临床数据得不到分析和利用，阻碍了临床医学的进步。

（2）医疗机构相互孤立。数据化程度低，各医院之间存在着明显的信息不对称现象。例如，去医院看病，医生会让患者做相关的各类检查，原本在其他医院已经做过这些检查，但医院间相互孤立，病人信息无法同步，只能带来巨大的人力、物力浪费，降低行业效率，阻碍行业的快速发展。

（3）网络安全压力大。虽然法律法规明确保障医疗卫生领域的数据安全和隐私，但是互联网的快速发展，使得越来越多的设备开始入网，给网络安全工作带来了重大隐患，数据及网络安全问题成为该行业关注的问题。

二、区块链对医疗的帮助

区块链技术本身的优势是巨大的，其中，不可篡改的优势，可以将医疗数据记录在区块链上，将数据加密，无法篡改，成为医疗行业保护数据的有效方法。同时，区块链技术还可以溯源，能够避免假药的泛滥。

（1）储存病人数据。关于病人的医疗数据，因为搬家、工作等原因，病人的医疗数据很难在关键时刻获得。当病人遭遇威胁生命的疾病，而病人无法告知病例时，就容易错过救治机会。区块链技术的加入，彻底改变了病人数据的存储和传输方式，通过数据上链，为医者提供了快速的信息渠道。

（2）保护患者隐私。患者信息被记录在区块链上，就能利用加密技术保护患者信息；同时，医生可以更好地观察患者的病情，对患者全生命周期进行完整记录，当患者信息流经整个供应链时，无论是患者健康记录，还是一瓶药，所有记录都会清晰可见。

（3）强化医疗监管。目前，区块链技术可以通过加入智能合约来实现比较简单的判断，如果链上出现了非合规事件，就会自动记录并进行实时通知，将医疗领域中的某些检查环节去除，简化整个流程，降低监管成本。

三、区块链在医疗领域的主要应用

区块链在医疗领域的主要应用，如表 10-3 所示。

表10-3　区块链在医疗领域的主要应用

应用	说明
电子健康病例	医疗方面，区块链最主要的应用是对个人医疗记录的保存，即区块链上的电了病历。病历就像一个账本，原本掌握在各医院手上，患者自己并不掌握，根本就没有办法获得自己的医疗记录和历史情况，医生也无法详尽了解到患者的病史记录。使用区块链，就能对这些数据进行保存，将来不管是就医，还是对自己的健康做规划，都有了可供使用的历史数据，而该数据的真正掌握者是患者自己，而不是某个医院或第三方机构
DNA钱包	运用区块链技术，基因和医疗数据能够进行安全存储并通过使用私人密钥来获得，形成一个DNA钱包。如此，医疗健康服务商就能安全地分享和统计病人数据，帮助药企高效地研发药物
医疗数据	随着医疗技术的发展，在病人身份背景、往期病史以及医疗支付情况的记录等方面，医疗数据正起着越来越重要的作用。医疗数据是一个人最隐私的数据，但由于网络操作错误或者黑客攻击等问题，这些隐私数据却存在大规模泄露的可能。借用区块链，就能很好地解决这个问题
药品防伪	在运用区块链技术防伪的药品包装盒表面，有一个可被刮去的面，底下是一个特别的验证标签，与区块链相互对照，可以确保药品的合法性

四、区块链在医疗卫生领域的发展趋势

区块链在医疗领域的应用有着巨大的发展前景，未来，区块链必然会被运用于以下几个领域。

（1）病历上链，保护隐私。链上信息公开透明，在很大程度上解决了众多医院患者信息不互通的困境，消除了"信息孤岛"。尤其是患者转院，很多信息会缺漏或丢失，容易误诊或错过最佳治疗时间，只有确保患者信息上链，实现医院间信息的互联互通，才能将所有医疗平台的信息串联起来，实时连接，共享信息。

患者私密信息的频繁泄露，让很多人对医院的隐私保密系统失去了基本的信任，通过区块链保存医疗的监看数据，可以在一定程度上增加监管部门的权力，增大其参与程度，确保对医疗信息的保护，出现医患关系事件时，就能在第一时间公正解决。数据的不可篡改性让医疗信息有法可依、有据可查。区块链中的每一笔交易都是通过密码学的方法和相邻的两

个区块串联起来的，可以追溯到任何一笔交易，所有的药品或医疗器械交易都能被追溯到。

（2）药品防伪。对于医院来说，药品的供应量非常大，对于病人来说则是刚需，为了与医院达成合作，医药公司想尽了办法，在这个过程中，会产生很大的利益链条。那么，如何才能有效防止不合格药品进入医院呢？

运用区块链技术防伪，在药品包装表面可以设置一个可防伪的图层，只要刮开图层进行扫码就可以进行供应链的查询。药品运送过程的每个步骤，区块链网络都能证明药品的原产地和真实性，使得药品盗窃和以假换真等现象变得异常困难，"药品溯源链"由此产生。此外，区块链的应用，还能让所有的医药公司都严格按照要求进行药品生产作业，直接或间接地提升了全球药品的安全性。

（3）智能合约，提升效率。智能合约的最大作用是，自动化执行相关程序和流程，减少人员参与环节，提高效率。区块链系统能够实现大部分计费、支付程序的自动化，跳过中间人，降低行政成本，为病患和医疗机构双方节省时间。同时，这一系列的资金和过程数据，可以为后期的保险理赔及账单管理提供有效的依据，一方面可以减少医疗健康领域的骗保、报假账等"灰色花费"，另一方面还能提高验证的效率。

第六节　区块链在能源领域的应用

如今，"区块链＋能源"正逐渐成为能源电力领域的一个发展方向。

2016年5月15日，全球首个能源区块链实验室正式成立。该实验室有4位创始人，主要从事自主研发区块链平台，为能源金融产品的开发、审核、登记、交易提供全流程的协作工具。

一、区块链，解除能源行业困境

近年来，区块链技术迅速进入各行各业，能源电力行业同样如此。

能源电力企业目前的现状是：传统的业务模式和盈利模式无法适应数字化、低碳化的需求；以用户为主导的能源变革进行得如火如荼，企业既有系统无法满足越来越复杂的交易请求，难以满足监管方和能源用户对能源供应安全和分布式能源接入的旺盛需求；也面临着传统的集中式监管和第三方的介入阻碍了能源用户对高效率和低成本追求的问题。

区块链的出现，能够有效破解上述困境。主要原因就在于，区块链具有多方共享、数据统一维护、可审计可追踪等特性，可以帮助能源电力企业在安全基础上创新性地推动能源价值链重塑，比如基于数字货币、智能合约、价值转移等基本应用场景，区块链可用于能源电力企业的清结算系统、供应链、知识产权保护、商品防伪等领域，促进电力企业的公司治理的业务创新。

利用区块链，能源电力企业还可以解决共享经济中存在的授信机制问题，让授信机制安全高效，比如，能源企业可以租赁分布式发电设备、家庭储能设备等。

借助区块链上各区块所包括的信息，挖掘供需匹配模型与供需间的各行为模式，就能针对能源的发输配用可控能力，通过用户需求响应，优化发电与用电行为，支持多种能源协同及衍生商业模式的线上安全交易与结算，保障小微发（用）电用户的分布式交易与结算。

二、区块链给能源带来的机遇

随着科学的发展与社会的进步，最近几十年，能源行业迎来了前所未有的机遇，其去中心化经济体系的轮廓也已经出现。

物理与化学工业的进步，让风电、光伏、储能等新能源行业获得了显著发展，具体体现在：能量转化率的明显提高、相关设备价格的大幅下降。如此，就让新能源的成本降到了人们可承受的地步。而包括光伏在内的新能源发电技术有一个重要的特点：准入门槛很低，规模效应相对较弱，即使是非能源企业甚至个人也能顺利进行投资、安装与建设。

数字通信技术的快速发展，弥补了新能源"靠天吃饭"的缺陷。目前，运用计算机技术，已经能够对新能源设备的发电变化情况进行有效预测，同时对不稳定的波动进行自动调整。比如，当风力与日照过强、电力供应超出需求时，计算机就能控制储能电池将多余的电收集起来；在风停日落、电力供应不能满足需求时，将储存在电池中的电力自动释放。

三、区块链在能源领域的应用

1. 电力

区块链的重要特征之一就是数据的不可篡改性，而区块链在电力领域的应用和这一特点密切相关。区块链技术的使用，让每一度电的"前世今生"都会被记录在区块链网络上。比如，某度电于某年某月产生于某核电站，经过某条线路输送到了我家，我使用了几个小时的灯泡后消耗了这度电。

未来，"区块链＋电力"可能会有以下几种发展方向。

（1）让每一度电都有迹可循，从根源上杜绝偷电漏电情况的发生。当所有的行为都被记录在一个不可修改的账本时，无中生有或突然消失都会作为异常情况被处理。

（2）与邻居交易剩余的电。现在的电力系统其实已经有了一点智能化的影子，比如，购电和断电都可以经由一个智能化的电表来完成。而区块链技术的使用，还能让你和邻居交易剩余的电。未来，完全可以针对每一度电建立一个数字映射关系，比如，在家里装了个太阳能发电器，每天产生 1 度电，但每天只能用 0.5 度电，剩余的 0.5 度电就会归集到总网络中，邻居想要用电时，就可以直接与你交易。区块链让分布式的能源共享成为可能。

2. 生态系统

区块链、物联网、大数据等三者的结合，可以打造出一个能源生态体系中的"乌托邦"。举个简单的例子，未来的某天，我们应用这三种技术建立起了一个能源生态系统，然后把设备供应商、专业运维服务商、使用设备的业主以及负责金钱流通和报价汇总的金融系统打包扔进该系统做测试，接入系统的每一方都能得到一个查询密码，可以查询加密后的任何人接入系统后的任何动作。如此，系统的四方或所有参与者就将形成一种交互监督、交互信任的关系。之后，系统就能根据大数据分析技术计算出最适合业主的方案，并由金融机构自主完成购买或维修。

3. 能源智能化调控

未来，使用区块链技术，能够实现能源智能化调控，还能将智能设备与互联网信息经由区块链连接在一起。想象一下，某市区的摄像头捕捉到郊区某一输电设备突然异常断电，结合其他相关节点反馈的信息，比如，报警器的鸣响或某一区域灯光突然熄灭等，经过对比确认后，信息会直接传递给维修总部，之后总部设备就会根据智能合约的规则设定，派出维修人员去往现场维修。

第七节　区块链在知识产权领域的应用

知识产权是文化艺术及知识成果权益的资产化，体现了知识智力成果的核心价值，包括专利、影视、图像、短视频、音乐、摄影、电子图书、网络小说和创意等劳动成果。目前，知识产权正以相互融合的趋势高速发展，但产权保护意识不强、盗版横行，创作人只能得到微薄的回报，且存在确权难、举证维权难、产权交易难等"痛点"。

使用区块链，知识产权也能被永久保存、不可篡改、永久可追溯。分布在世界各地的参与节点共同维护和管理知识产权数据库，即使因网络攻击、自然灾害或其他人为因素而损毁少数节点，也不会造成整个区块数据的丢失和损坏。

一、知识产权行业的"痛点"

知识产权是权利人对所创作的智力劳动成果所享有的财产权利，从纵向可以分为三个环节：确权、用权和维权；按类别，可以分为商标、专利、版权、商业秘密、新品种、特定领域知识产权等。

整个行业主要面临的"痛点"有：确权耗时长，时效性差，成本高；变现难，供需无法匹配；维权效率低，版权行业，举证、溯源异常困难；侵权现象严重、纠纷频发、保护力度较弱、举证困难、维权成本过高等。

二、区块链在知识产权的应用价值

区块链在知识产权的应用，可以带来以下几个好处。

（1）维护原创利益。为作品打上DNA标签，追溯版权在互联网的流转和传播，作品无论传播到哪里，都能进行跟踪定位，相当于为作品打上了商品标签。发生转载授权时，就能帮助原创作者进行知识变现，帮助交易自助并持续地发生。对于优质的原创作者来说，也就有了全新的知识变现途径。

（2）版权数字化。目前，版权交易市场授权凌乱，定价混乱、交易不透明，经常会出现同一作品多次交易等问题；通过区块链实现链上版权交易，所有交易信息都可以被追踪和查询，能够避免多重授权、定价混乱、欺诈等情况的出现。

（3）存在性证明。区块链上的信息一旦被写入就无法篡改，所有的版权信息都是公开透明的，方便查阅和作"存在性证明"，可有效进行维权，防止抄袭现象的出现；一旦发生了版权纠纷，也能作为有效的判定。

（4）侵权监测。借助区块链，就能根据平台上注册的信息自动内容检索，利用文字及图片检索工具，检索你的内容是否与已注册内容类似，进行注册维权，有效降低抢注，减少版权纠纷。

（5）降低版权登记门槛。即便没人剽窃或盗取，一些文学作品也并不吸引人，甚至无法产生价值。只有将创作轨迹搬上区块链，才能保护"未来版权"，让个人的创意和作品得到应有的尊重。

（6）减少登记时间。借助区块链的开放性，任何人都能随时随地向区块链写入信息，使版权登记不受时间、空间的限制；同时，跟传统方式比起来，成本更小。

第八节　区块链在人力资源领域的应用

如今，区块链的广泛应用推动了各行各业蓬勃发展，其中，人力资源就是其中最为典型的一种产物。

区块链是一种技术、一种创新。在现今的企业管理模式中，人力资源领域亟须实现数据安全、透明。区块链技术安全度高，前景广阔，能为企业快速处理数据，提高效率，降低运营成本，让企业发生颠覆性的转变。

一、区块链能给予人力资源什么？

借助区块链去中心化、不可篡改、溯源清晰等特性，人力资源管理被带到了一个新高度。"区块链＋人力资源"组合模式是区块链应用落地深度融合的新业态，使用区块链技术，可以大大提高人力资源管理效率。

（1）去掉中介职能，省时省力。利用区块链技术，可以省掉中介职能，包括数据核对、提供收据和采购订单。此外，还有两大好处。

首先，完成交易和其他管理任务花费的时间大大减少。缩短了交易时间，员工就能花更多时间在其他重要业务职能上；人力资源团队可以计划更多的培训课程，提高员工技能；员工可以参加更多的会议和外部培训机会，保持最佳状态。

其次，节约了大量业务开支。合并职能并培训员工，能让员工在企业风险管理和财务分析中发挥作用，减少了大量的失业。

（2）简化招聘流程，轻松高效。借助区块链，人事专员就能访问潜在员工的数据库，包括初始教育、技能、培训和工作经历等。这种有用的信息被称为"价值护照"，不仅可以提高人事专员精准找到岗位适合人才的能力，还能提高潜在员工展示其最佳技能的能力，更好地匹配人员职位，提高生产力。中小企业一般规模都小，新招聘人员一般都很难找到适合的职位。运用区块链技术，就能帮助人们在最适合的角色中工作。有效避免员工简历造假、企业虚假招聘及招聘平台管理烦琐等弊端，让人力资源管理更加安全、透明。另外，"区块链＋人力资源"还能让企业管理变得更加简捷智能化，减少审核人员，降低运营成本。

（3）实现跨境支付，智能操作。使用区块链技术，可以创建自己的货币，使公司间交易和供应商交易更容易进行。该系统允许创建的货币转换为实际货币，跨境验证过程也将变得更加高效。随着智能合约的实施，多重签名系统将成为过去，智能合同允许协议立即得到验证，无须调解员。

（4）降低欺诈风险，安全、透明。人力资源部门会为员工处理大量个人数据，数据的不安全，会引发身份盗用和网络攻击。中小企业尤其如此。使用区块链网络安全应用程序，可以应对这些挑战。该技术限制了员工的访问数据，能够防止内部欺诈的可能。

二、区块链技术在人力资源行业的应用

区块链技术在人力资源行业的应用，如表 10-4 所示。

表10-4 区块链在人力资源行业的应用

应用	说明
职业背调	员工背调工作的开展会花费大量人力财力，结果还不一定准确。借用区块链分布式、可信任、不可篡改、智能合约，就能对所有职业的相关数据进行记录，其中包括职场求职者的培训记录、技能记录、求职记录、简历记录、职场记录等，以及职场招聘方的招聘记录、用人记录等。以强大的区块链底层技术为核心，应用于人力资源领域，就能建立一个能够降低风险和提高招聘效率的职业信用生态平台。通过大数据优势与科技优势，在企业招聘、员工内部管理系统、风险管理体系建设、招聘效率提升等方面努力挖掘，就会助力企业更好地发展

续表

应用	说明
员工生命周期	区块链技术的运用，会改变员工的生命周期。因为招聘和招聘新员工的程序很长，面试、检查资格、验证工作背景和收集参考资料等流程，每一步都需要时间。过程还未结束，后面可能还会被要求将这些数据转发给潜在的新雇主，以便对该人进行检查，且整个流程再次更新。区块链已经包含了这些验证信息，可以大大减少时间和精力，简化整个人力资源体验
简历验证	霍伯顿学校与区块链初创公司Bitproof 开展合作，利用区块链去中心化的、可验证的、防篡改等存储系统，将学历证书存放在区块链数据库中，使学历验证更加有效、安全和简单；同时，节省了人工颁发证书和检阅学历资料的时间和人力成本，以及学校搭建运营数据库的费用，有利于解决学历文凭和证书造假问题
在线招聘	招聘在人力资源部门内占用了大量的时间和资源，有些企业不得不向第三方机构或招聘人员提出要求。只不过，这些方法收费都很高，结果多数适得其反。在招聘阶段，多数采购候选人信息已经能够在区块链中查看，简历必然会成为过去，直接参与人员将很容易查看到成绩、证书、工作经历和经验

第十一章
区块链技术赋能智慧园区

第一节　智慧园区的发展元素

一、"数字中国"落脚点

"数字中国"是新时代国家信息化发展的新战略，是满足人民日益增长的物质生活需要的新举措，更是驱动引领经济高质量发展的新动力，内容涉及经济、政治、文化、社会、生态等各领域的信息化建设，包括"宽带中国"、"互联网+"、大数据、云计算、人工智能、数字经济、电子政务、新型智慧城市、数字乡村等。

"数字中国"，以遥感卫星图像为主要的技术分析手段，促进了农业、资源、环境、生态系统、水土循环系统等发展。如今，据《数字经济蓝皮书：中国数字经济前沿（2021）》，2020 年中国数字经济增加值规模超过 19 万亿元（19144.7 亿元），占 GDP 比重约为 18.8%，让中国各领域发生了翻天覆地的变化。从充满活力的网上购物，到蓬勃发展的大数据产业；从随处可见的移动支付，到"一扫即达"的共享出行……中国数字领域的跨越式发展，为国内经济增长注入了强劲动力，更为世界经济发展增添了亮色。

随着"网络强国""智慧社会"等一系列概念的提出，成长中的"数字中国"以前所未有的面貌展现在了世人面前。

（1）互联网，改变了人们的日常生活。互联网时代，中国已经在技术上遥遥领先。出门在外，无论乘坐地铁还是公交，都能看到刷手机的乘客。乘车途中，他们就能轻松订购日常用品、给朋友发信息、转账、安排假期出行和办理保险。中国数字产业的规模和速度确实非常惊人。

如今，对于中国人来说，几乎每个生活细节都出现了"数字"的身影。比如，支付宝、共享单车、网购都属于数字经济范畴；高铁不断与数字技术融合，提升了运营性能和服务质量。

从手机智能应用到支付宝、微信等互联网支付工具，再到共享经济在城市的兴起……社会变化如此明显。

如今，中国已经成为全球最大的移动互联网市场。用户需求的巨大网络效应带来了一系列创新，电子商务、网络支付、共享单车、人工智能等新兴领域的迅速崛起，重构了每一个中国人的生活方式。

（2）"互联网+"，改变了经济模式。移动互联时代，电子商务市场风生水起，为了适应形势变化，传统零售企业也纷纷布局线上业务。比如，苏宁和微软合作，打造了对话式电子商务"聊商平台"；沃尔玛与京东组成战略结盟，开设了全球购旗舰店……与此相对应的是网络零售市场的快速发展。比如，近一两年的"双十一"购物狂欢节中，天猫的最终交易额都达数千亿元。

零售业的"改头换面"，是数字浪潮改变商业模式的缩影。随着中国产能过剩问题的日益凸显，传统行业营收、利润等也不断下降，而大数据、云计算、物联网、人工智能等领域的相继崛起，为经济转型升级提供了新路径，传统从业者纷纷加快了数字化转型步伐。

中国在电子商务和数字支付领域全球领先，也是世界上 1/3 的独角兽企业的所在地，数字对国家 GDP 的贡献率超过了 30%，并保持着几乎全球最快的年均增长速度。可以大胆预测，在未来，所有的"传统"产业和企业都将拥有互联网的基因，而数字经济和实体经济的边界终将消失。

例如，共享单车借助数字技术和商业模式创新，创造性地满足了用户出行"最后一公里"的需求，只用了短短几年时间，用户数量就达到了亿级别。不仅如此，共享单车还走出国门，被打上了"中国创造"的标签。资料显示，不管是芬兰航空，还是欧洲的 2 000 多家饭馆和商店，包括著名的伦敦哈罗德百货，支付时都可以使用支付宝。同时，可以使用支付宝的店铺每天都在增加。

（3）以人为本，改变了社会发展。经过几年的跨越式发展，"数字中国"不再是一个经济概念，已经渗透了社会发展的各个环节。

在社会治理方面。近年来，各地利用移动互联网优势，加强了移动政务建设，主动实施信息惠民工程。数据显示，截至 2016 年 12 月，中国支付宝、微信城市服务平台，园区微信公众号、微博、手机端应用等信息平台的用户规模已达 2.39 亿，占总体网民数量的 32.7%。这些数字表明，中国社会治理模式已经实现了"三个转变"：从单向管理转向双向互动，从线下转向线上线下融合，从单纯的智慧园区监管转向社会协同治理。

"网络强国""智慧社会"等一系列概念的出现，加速了中国社会的发展进程。在智慧交通和智慧治安管理方面，中国更有优势。比如，借助智慧天眼，社会更安全。

此外，数字经济在扶贫攻坚领域也发挥了重要作用，"电子商务"、"共享经济"和"社交平台"等新模式，也在成功助力脱贫攻坚战。

二、"新基建"投资方向

"新基建"是新型基础设施建设的简称。传统基础设施主要包括铁路、公路、机场、桥梁等，区别于传统基建，"新基建"主要依托科技，如 5G 基建、特高压、城际高速铁路和轨道交通、新能源充电桩、大数据中心、人工智能、工业互联网等，具有数字化、网络化和智能化特征。随着复产复工的加快，"新基建"项目建设速度加快，成为稳投资的新亮点。

1. 新基建投资的领域

2020 年 4 月 20 日，国家发改委首次明确了中国"新基建"的范围和目前的工作重点。"新基建"主要包括以下三个方面内容。

（1）信息基础设施，指的是基于新一代信息技术演化生成的基础设施。比如，以 5G、物联网、工业互联网、卫星互联网为代表的通信网络基础设施，以人工智能、云计算、区块链等为代表的新技术基础设施，以数据中心、智能计算中心为代表的算力基础设施等。

（2）融合基础设施，指的是深度应用互联网、大数据、人工智能等技术，支撑传统基础设施转型升级形成的融合基础设施。比如，智能交通基础设施、智慧能源基础设施等。

（3）创新基础设施，指的是为科学研究、技术开发、产品研制等提供支持的基础设施。比如，重大科技基础设施、科教基础设施、产业技术创新基础设施等。

随着技术革命的发展，"新基建"的内涵、外延也发生了变化，必须加强顶层设计，完善有利于新兴行业持续健康发展的准入规则，加快推动 5G 网络部署、全国一体化大数据中心建设。如今，万众瞩目的"新基建"的投资方向已经确定，而 5G 和大数据的建设更会加速推进，超出市场预期。

2. 新基建六大方向

新型基础设施建设内容广泛，投资空间巨大，不过，"新基建"建设需要以社会资本投资为主，尽量减少智慧园区大规模的投资，要以需求为导向，少些大水漫灌。具体实施时，要根据战略规划和市场应用需求，统筹规划好新基建长期发展路线图和年度投资计划，以免出现"一哄而上"和重复建设，避免短期投资泡沫。

"新基建"主要有六大方向的发展，如表 11-1 所示。

表11-1　新基建的主要发展方向

方向	说明
跟5G相关的技术	包括5G、人工智能、大数据、云计算等，支持未来往线上、智能化方向转移
工业的物联网	在整个硬件行业，物联网是未来高速发展的一个行业。未来，电脑、智能手机等都无法满足行业高速增长的要求，所有的东西都会被直接连在网络上，包括家电以及日常使用的东西
跟新能源汽车相关的基础建设	未来，充电桩、电池、新能源汽车等产业链，都会是一个大力发展的方向。所谓的新能源汽车，并不是简单盖一个车厂，而是要用足够的基础设施来支持新能源汽车的普及，更好地支持整个新能源行业的未来发展
替代能源新能源	包括太阳能、再生能源。如今，已经出现了很多替代能源和新能源，其成分跟传统石化燃料生产的能源、生产的电等非常接近。再加上，国家政策的支持，新能源未来必然会获得大幅增长
医疗保健	未来对整个医疗系统的资源投放会大幅增长，从医院到线上配置，都会跟过去不同
智能传统基建	如今，在整个基建投入中，新基建、智能基建的比例依然很小，只有10% ~ 15%，多数投入还是传统基建。但这种情形并不意味着传统基建就不会改变，它们也会改变，比如，支付、水电、出行等会变得更智能

三、社会民生需求

如今，中国存在的民生问题主要有以下几种。

（1）安全生产问题。一直以来，安全生产都是国家重视的问题，可是危险依然存在。比如，矿难、瓦斯爆炸、食品安全等。

（2）就业指标、社会保障和劳动者工作环境的问题。比如，劳动者的生命保障问题、大学生的就业问题。

（3）医疗费用高、药品价格高。看病难、看病贵的问题困扰着普通大众，大病医不起，小病不敢医。

（4）收入分配问题。我国贫富差距越来越大，基尼系数为0.4%。

（5）农村医疗保障问题。虽然现在多数农村人都买了医疗保险，但报销却不那么容易。

（6）教育问题。比如，教育资源分配不均、教育乱收费等问题。

四、政府治理诉求

1.智慧园区治理面临三大挑战

随着市场经济的不断发展，群众的利益诉求日趋多元化，尤其是网络民意的出现，更对我国政府治理的传统理念提出了全新挑战。虽然园区治理体制正处于改革和不断完善的阶段，但借助互联网的放大镜，园区治理思维与模式、园区职能转变的滞后性越发明显，如表11-2所示。

表11-2　智慧园区治理面临的挑战

挑战	说明
对治理协同性的挑战	目前，园区部门的职能存在交叉和重叠，部门根据自己所掌握的信息和数据，各自为政，形成了多个"信息孤岛"，无法实现跨区域、跨部门的协同治理，社会治理成本较高，效率较差，造成了公共信息管理机制的碎片化。这种公共信息管理机制对数据活力形成了一定的制约，不利于园区工作效率的提升，直接导致了办证难、审批难和"公章旅行"等问题出现，甚至还出现了各种奇葩证明，大大损害了园区形象
对治理科学性的挑战	园区部门在决策时，过度依赖固有经验，特别是"惯例"，很少借助数据乃至大数据进行缜密分析。这种主观化的"拍脑门"决策方式，很容易让决策缺乏科学性、系统性和全局性。智慧园区要跳出"按下葫芦浮起瓢"的短线思维，跳出"头痛医头、脚痛医脚"的直线思维，在科学分析的基础上超前决策、系统决策。所以，大数据的出现为智慧园区了解社会矛盾提供了依据。只要充分发掘大数据在社会风险分析与预测中的巨大潜力，就能实现事前预警
对治理多向度的挑战	随着权利意识的崛起，普通百姓已经不再满足于被动充当社会治理的"客体"，渴望通过网络参政议政。可是，一直以来，园区治理体系中自上而下的单向度、指令化方式，导致"好事办不好、实事办不实"。所以，智慧园区应及时转变思维，引导百姓广泛参与，协调各方利益，从单向度的管理转为多向度的共治

此外，机遇与挑战并存的大数据时代，智慧园区治理还要主动进行"供给侧改革"，树立智慧的决策观。只有加快构建科学的大数据基础设施，依靠大数据决策，将心中有"数"的理念贯穿于决策和调控纠偏的过程中，才能满足百姓的新期待，更好地为他们提供公共产品和服务。

2. "智能理政"解决传统治理难题

所谓"智能理政"，就是以智慧园区作为行政主体，运用大数据、超算精算等计算理论，将模拟人类智慧的人工智能系统嵌入园区公共服务领域，形成"智能化"的治理模式。采用这种治理模式，智慧园区就能高效收集和分析百姓诉求，高效调配社会资源，解决社会问题，缓解社会矛盾，促进智慧园区的和谐与发展。

"智能理政"对传统园区治理模式的颠覆主要体现在以下几个方面。

（1）解决智慧园区"踢皮球"难题。在传统的智慧园区治理模式中，园区部门承担着主要的治理责任。随着社会的发展，百姓的利益诉求变得日益复杂化，智慧园区的工作面临着严重的人力资源短缺问题。传统园区受制于预算和资源，不能无限扩大规模和增加人员。人工智能应用出现后，在信息收集、行政流程、行政咨询等基础服务领域，就能用人工智能技术替代传统人工服务，改善智慧园区的人力资源紧张情况，控制人工支出，促进公共资源的合理调配。

此外，"智能理政"还体现在人工智能对于传统园区职能的优化和升级上。在"智能理政"时代，运用人工智能技术，园区的条块式划分模式就会被打破，突破地域、层级和部门限制，为智慧园区部门职能的重组和优化提供全新平台。

（2）治理工具上的创新突破。人工智能为强化智慧园区的办公效率提供了技术支撑。目前，跟百姓日益增长的公共服务诉求相比，智慧园区的工作效率还有很大的提升空间；同时，百姓不仅希望完善制度，也期待智慧园区在治理工具上的创新。而人工智能的发展，正好为此提供了适宜的治理工具。

一是人工智能技术的采用，大大提高了智慧园区的工作效率。人工智能不仅更加便捷和快速，还有优于人工服务的精确性。由于非生物的属性，人工智能可以长时间高效运转，为百姓提供 24 小时服务。比如，通过机制、架构、云等保障在线服务的一站式和不间断，百分之百覆盖，7×24 小时全天候在线。

二是人工智能的使用，有效强化了智慧园区治理主体的能力。在传统园区治理体制下，园区的治理水平主要体现在，个人能力与治理制度的科学性等方面。因此，传统智慧园区治理模式下的治理效果，很可能会受到人为因素的影响。在"智能理政"时代，人工智能的嵌入，能够打破治理主体事无巨细处理相关事务的主体运作模式；而深度学习、云计算、神经网络等技术的介入，赋予了人工智能一定程度的自主研判和自主决策能力，可以有效避免人情关系、员工素质能力参差不齐等问题。

（3）数据分析型园区促成科学决策。"智能理政"不是用人工智能原封不动地替代智慧园区管理事务，也不是简单地搭建一套管理和服务平台，而是通过流程再造全面重塑智慧园区的公共管理和公共服务内涵，包括智能调研、智能决策、智能实施、智能监督等。此外，"智能理政"还可以通过大数据分析评价技术，对智慧园区执行的全过程和社会预期、意见反馈等数据进行动态分析，评估政策实施的总体效果，进而提出调整建议。

在"智能理政"时代，大数据、物联网、云计算等技术可以为智慧园区提供更有效的决策支持，为其提供更及时、准确、系统、科学的参考依据，避免想当然的直觉决策。在实践中，通过实时跟踪，能够及时获取和分析实践信息，为具体实践提供弹性指导。此外，还能实现治理前后的量化对比，结合实际需求、公众反馈，对政策进行纠偏、修正和完善。

（4）把治理推向全过程透明。依托大数据、物联网、云计算、人工智能等技术，可以帮助各部门更好地了解服务对象，了解百姓的"喜怒哀乐"及其他诉求。"智能化"时代，智慧园区能提前预判广大人民群众对美好生活的需求，做出针对性的服务准备和资源调配。

人工智能技术还能为百姓与园区的良性互动搭建平台，百姓有了表达各种诉求的新渠道，更愿意参与到治理活动中，智慧园区治理主体就会呈现多元化的态势。例如，运用人工智能，天津市进一步提升了城市精细化管理水平，在生态环境、交通、城建监管、新能源利用等方面，打造智能化管理，使每个人都成为城市管理者。

五、传统园区改造

随着宏观经济新变化的出现，供给不适应需求变化的矛盾日益突出。

目前，经济结构面临重大调整、产业发展面临重大变革、产业内外部环境发生重大变化，延续传统"满足市场供应需求、依据需求组织生产、预判需求布局产能"的发展方式，既无法实现园区的健康发展，也无法抢占市场需求预期的先机。因此，传统园区的发展不能只满足阶段性的、局部的需求，应该向引导型需求转型。

1. 产业智能化改造

近年来，工业化和信息化的融合出现了质的变化。工业 4.0 时代，园区要加快推进智能化改造，从单个园区企业运营来看，主要包括机器人替代人、生产线智能化改造等。从园区整体看，以产能重组和互联网制造的理念为基础，整合原有企业装备与社会化创客，不仅能打造智能化、柔性化、开放化的共享制造平台，还能为周边企业、创客团队提供技术改造、小试中试、技术检测、资金融通、工业设计、供应链管理等增值服务。因此，传统园区一定要借助工业 4.0 技术，积极打造智能化、柔性化和开放性平台。

2. 科创经济培育

随着第四次工业革命浪潮的到来，科创经济受到了人们的追捧，不仅有政府政策和资金支持，还有企业的投资热情。瞄准新兴产业，通过"无中生有"培育新的产业增长点，以增量产业带动存量产业转型升级，就能推动整体产业的突破发展。对于传统工业园区来说，要努力打造科创经济载体和环境，可以采取的措施有：①建设孵化器、众创空间和科技加速器；②吸引科研院所分支机构、公共实验室和企业研发中心，建立公共技术平台等；③引进多元化的创新人才，打造互动交流平台，促进跨界创新。

3. 产业高端化发展

产业高端化，是传统园区要优先考虑的路径。对园区的企业进行筛查，发现有潜力的企业或有梦想的团队，然后大力支持其升级产品技术、品牌服务，或促进其兼并重组。在原有产业基础上，对现有产业链的高端方向或拓展方向进行研究，促进企业裂变、培育关键环节、提升产业链位置，向价值链高端靠拢。

4. 创意经济发展

产业融合、科技创新的融合、文化创意产业的融合，能够催生出新产品、新产业和新服务。在传统园区中融入文化、创意等元素，能大大增加园区的吸引力。这些元素，小到现代艺术雕塑，大到现代艺术馆、社交体验式书店、文化创意产业园等均可。

5. 服务经济发展

传统园区存在很多问题，比如重生产、轻生活等，但这也为后来服务业的发展提供了空间。一般来说，能够发展的服务业可分为以下三类。

（1）生活商贸型服务业。如餐饮、购物、休闲娱乐、社区服务等，这取决于园区集聚的人口和流动人群。

（2）产业服务型服务业。如仓储物流、会展商贸、教育培训、技术服务、检验检测等，这要看园区的产业集群规模。

（3）主题消费型服务业。如医疗健康、汽车后服务、文化体育、养老养生、旅游度假等，主要取决于园区在城市中的区位和资源禀赋情况。

6.产业组织化创新

受到工业互联网的冲击，未来园区的组织形式将发生剧烈变革。企业通过联合就能组建产业创新联盟，形成以龙头企业与中小企业共同参与、上下游企业联动的合作模式。基于"互联网＋技术"的发展，实现产业价值链的进一步分解和重新组合，衍生出平台经济、产业众筹、众包等新模式。

7.产业循环化发展

产业循环化发展，既能更好地实现环境保护，也能提升产业经营效益。园区要想推进绿色化、循环化发展，就要突破园区的红线范围，在更大范围内构建产业耦合系统，包括资源综合利用、原料综合利用、清洁能源生产和清洁生产技术等四个层面。

传统园区应充分利用原来积累的产业资源，包括不同企业的产品研发系统、检验检测设备、数控设备等，搭建联合的产业服务平台，实现优势互补。这里，也可以将园区外面的产业资源整合进来，打造基于"互联网＋"的产业生态圈；鼓励企业组建产业联盟，开展对外合作交流，对接上海、深圳、北京、"硅谷"等地，组建跨区域产业联盟网络。

第二节　有益的数字化技术

一、物联网

物联网是一个基于互联网、传统电信网等的信息承载体，可以让所有能够被独立寻址的普通物理对象形成互联互通的网络。

所谓物联网（The Internet of Things，TOT），就是通过各种信息传感器、射频识别技术、全球定位系统、红外感应器、激光扫描器等装置与技术，采集任何需要监控、连接、互动的物体或过程，收集声、光、热、电、力学、化学、生物、位置等各种信息，通过各类可能的网络接入，实现物与物、物与人的泛在连接，实现对物品和过程的智能化感知、识别和管理。

物联网是新一代信息技术的重要组成部分，意思是"物物相连，万物万联"。由此，物联网也就包含了两层意思：第一，物联网的核心和基础仍然是互联网，是在互联网基础上的延伸和扩展的网络；第二，用户端扩展到了任何物品与物品之间，可以进行信息交换和通信。

如今，物联网的应用领域涉及各行各业，在工业、农业、环境、交通、物流、安保等设施领域的应用，有效推动了这些行业的智能化发展，使有限的资源得到了更合理的分配使用，提高了行业效率和效益。

1.物联网的特征

从通信对象和过程来看，物联网的基本特征可概括为整体感知、可靠传输和智能处理。

（1）可靠传输。将互联网和无线网络融合，能将物体信息进行实时、准确传送，让大家共享信息。

（2）整体感知。可以利用射频识别、二维码、智能传感器等感知设备，获取物体的各类信息。

（3）智能处理。使用智能技术，对感知和传送的数据、信息进行分析处理，实现监测与控制的智能化。

根据物联网的以上特征，结合信息科学的观点，围绕信息的流动过程，就能归纳出物联网处理信息的功能，如表 11-3 所示。

表11-3　物联网处理信息的功能

功能	说明
获取信息	主要是信息的感知、识别。其中，信息的感知是指对事物属性状态及其变化方式的知觉和敏感；信息的识别是指，把感受到的事物状态用一定方式表示出来
传送信息	主要是信息的发送、传输和接收等，最后把获取的事物状态信息及其变化方式从时间(或空间)上的一点传送到另一点，即常说的通信过程
处理信息	利用已有的信息或感知的信息产生新的信息，也就是制定决策的过程
施效信息	信息最终发挥效用的过程有很多表现形式。比较重要的是，调节对象事物的状态及其变换方式，使对象处于预先设计的状态

2. 物联网的关键技术支持

支持物联网的技术，主要有以下几种。

（1）传感网。MEMS 是微机电系统（Micro - Electro - Mechanical Systems）的英文缩写，由微传感器、微执行器、信号处理和控制电路、通信接口和电源等部件组成。目标是把信息的获取、处理和执行集成在一起，组成具有多功能的微型系统，集成于大尺寸系统中，大幅度提高系统的自动化、智能化和可靠性水平。如今传感器已经被广泛应用，借助 MEMS，普通物体也具有了新的生命，有了属于自己的数据传输通路、存储功能、操作系统和应用程序，形成了一个庞大的传感网，能够通过物品来实现对人的监控与保护。

举个例子，酒后驾车。在汽车和汽车点火钥匙上都植入微型感应器，当喝了酒的司机掏出汽车钥匙时，钥匙就能通过气味感应器察觉到酒精的存在，然后就会通过无线信号立即通知汽车"暂停发动"，汽车便会处于休息状态；同时，"命令"司机的手机跟他的亲朋好友联系，告知司机所在位置，提醒亲友尽快来处理。

（2）M2M系统框架。M2M是"Machine-to-Machine/Man"的简称，是一种以机器终端智能交互为核心的、网络化的应用与服务，有利于对对象实现智能化的控制。M2M技术涉及五个重要的技术部分：机器、M2M硬件、通信网络、中间件、应用。基于云计算平台和智能网络，可以依据传感器网络获取的数据进行决策，改变对象的行为进行控制和反馈。

以智能停车场为例。当车辆驶入或离开天线通信区时，天线就会以微波通信的方式与电子识别卡进行双向数据交换，从电子车卡上读取车辆的相关信息，司机卡上读取司机的相关信息时，就会自动识别电子车卡和司机卡，并判断车卡和司机卡的有效性和合法性；车道会控制电脑，自动将通过时间、车辆和驾驶员等信息存入数据库。

（3）射频识别技术。射频识别技术（Radio Frequency Identification，RFID），是一种简单的无线系统，由一个询问器（或阅读器）和很多应答器（或标签）组成。标签由耦合元件及芯片组成，每个标签具有扩展词条唯一的电子编码，附着在物体上标识目标对象，主要是它通过天线将射频信息传递给阅读器，阅读器就是读取信息的设备。RFID技术让物品能够"开口说话"，这就赋予了物联网一个特性，即可跟踪性，人们可以随时掌握物品的准确位置及周边环境。

（4）云计算。云计算是通过网络将多个成本较低的计算实体整合成一个具有强大计算能力的系统，并借助先进的商业模式让终端用户可以得到强大计算能力的服务。如果将计算能力比作发电能力，那么云计算就是从古老的单机发电模式转向现代电厂集中供电的模式。也就是说，计算能力也是一种商品，可以进行流通，取用方便、费用低廉，用户无须自己配备。这与电力通过电网进行传输不同，计算能力是通过各种有线、无线网络传输。因此，云计算的一个核心理念就是通过不断提高"云"的处理能力，减少终端用户的处理负担，最终使其简化成一个单纯的输入输出设备，并能按需享受"云"强大的计算处理能力。

二、大数据

对于"大数据"（Big Data），麦肯锡全球研究所是这样定义的：一种规模大到在获取、存储、管理、分析等方面大大超出了传统数据库软件工具能力范围的数据集合，具有海量的数据规模、快速的数据流转、多样的数据类型和价值密度低等四大特征。

大数据技术的战略意义不在于掌握庞大的数据信息，而在于对这些含有意义的数据进行专业化处理。换言之，如果把大数据比作一种产业，那么实现盈利的关键就是提高对数据的加工能力，实现数据的增值。

从技术上看，大数据与云计算密不可分。大数据无法用单台的计算机进行处理，必须采用分布式架构，其特色在于，能够对海量数据进行分布式挖掘。缺点是，必须依托云计算的分布式处理、分布式数据库、云存储和虚拟化技术。

随着云时代的来临，大数据也吸引了越来越多的关注。有人把数据比为蕴藏能量的煤矿，煤炭按性质可分为焦煤、无烟煤、肥煤、贫煤等。而露天煤矿、深山煤矿的挖掘成本又不一样。同样，大数据并不在"大"，而在于"有用"。由此，对于很多行业来说，能否有效利用大规模数据也就成了赢得竞争的关键。

大数据的价值体现在以下几个方面。

（1）对大量消费者提供产品或服务的企业，可以利用大数据进行精准营销；

（2）做小而美模式的中小微企业，可以利用大数据做服务转型；

（3）扛不住互联网的压力，必须转型的传统企业，需要与时俱进，充分利用大数据的价值。

从目前的发展情况来看，未来的大数据会表现出如下几个趋势。

（1）数据管理成为核心竞争力。当"数据资产是企业核心资产"的概念深入人心，企业对数据管理便有了更清晰的界定。数据资产管理效率与主营业务收入增长率、销售收入增长率显著正相关。此外，对于具有互联网思维的企业来说，数据资产竞争力所占比重为36.8%，数据资产的管理效果会对企业的财务表现造成直接影响。

（2）与云计算深度结合。云计算为大数据提供了弹性可拓展的基础设备，是产生大数据的平台之一。自2013年开始，大数据技术已开始和云计算技术紧密结合，预计未来两者关系会更为密切。此外，物联网、移动互联网等新兴计算形态，也将一齐助力大数据革命。

（3）数据泄露泛滥。未来每个企业都可能会面临数据攻击，无论是否做好安全防范，都需要重新审视今天的安全定义。

（4）成立数据科学和数据联盟。未来，数据科学将成为一门专门学科，被越来越多的人所认知。各大高校将设立专门的数据科学类专业，也会催生一批与之相关的岗位。同时，基于数据这个基础平台，还会建立起跨领域的数据共享平台。

（5）数据质量是商业智能成功的关键。采用自助式商业智能工具进行大数据处理，企业就能脱颖而出。但面临的一个挑战是，很多数据源会带来大量低质量数据。想要成功，就要做好原始数据的筛选工作，尽量收集有效、高质量的数据。

（6）科学理论的突破。随着大数据的快速发展，大数据很可能引发新一轮技术革命。随之兴起的数据挖掘、机器学习和人工智能等相关技术，可能会改变数据世界的多种算法和基础理论，实现学技上的突破。

（7）数据的资源化。所谓资源化，就是大数据成为企业和社会关注的重要战略资源，成为大家争相抢夺的焦点。因此，为了抢占先机，企业必须提前制订大数据营销战略计划。

当然，大数据不只是一个单一的、巨大的计算机网络，还是一个由大量活动构件与多种参与者元素构成的生态系统，终端设备提供商、基础设施提供商、网络服务提供商、网络接入服务提供商、数据服务使能者、数据服务提供商、触点服务、数据服务零售商等共同构建了生态系统。如今，这套数据生态系统已初具雏形，未来将进行系统内部角色的细分，即市场的细分；系统机制的调整，也就是商业模式的创新；系统结构的调整，也就是竞争环境的调整等，逐渐增强数据生态系统的复合化程度。

三、5G

"5G"是现下最流行的热词之一，对这一概念的未来人们都抱以热忱，但很少有人真正了解5G。究竟什么是5G呢？

5G是"generation mobile networks"或"5th generation wireless systems、5th-Generation"的简称，是继4G、3G和2G系统之后的延伸，其性能目标是高数据速率、减少延迟、节省能源、降低成本、提高系统容量和大规模设备连接。

5G时代，我们的一天完全可以这样度过。

早上，枕头轻轻震动，房间窗帘自动开启，卫生间浴缸里的水温和马桶圈的温度已调好，梳洗完毕后，面包和牛奶会自动加热出现在餐桌上。

上午，孩子会乘坐自动驾驶汽车去上学；大人则会戴上VR头盔，坐在虚拟办公室里，开始忙碌的工作。

下午，预约医生给你打来视频电话，为老人做身体检查，通过远程医疗系统，对老人的身体状况作出诊断。

晚上，你跟家人坐在客厅里，盯着高清 3D 电视，看了一部身临其境的好莱坞电影。

这样的智能生活，相信每个人都期待。

这就是 5G 带给我们的未来。

作为最新一代蜂窝移动通信技术，5G 有着自己的优势，能够给社会带来更大的价值。

1. 5G 的优势

5G 的特点和优势主要体现在以下几点，如表 11-4 所示。

表11-4　5G的主要优势

优势	说明
网络广泛	网络业务需要无所不包，广泛存在，能够支持更加丰富的业务，能够在复杂的场景上使用。泛在网主要为广泛覆盖和纵深覆盖两个层面提供影响力，在一定程度上，泛在网甚至比高速度还重要。只创建一个少数地方覆盖、速度很高的网络，并不能保证5G的服务与体验，广泛的网络才是5G体验的根本保证
万物互联	业内认为，5G是为万物互联设计的，物联网将是5G发展的主要动力。从需求角度来看，物联网首先满足了用户对物品识别及信息读取的需求；其次，通过网络来传输和共享这些信息，由联网物体进行系统管理和信息数据分析，就能改变企业的商业模式及人们的生活模式，实现万物互联
速率极高	5G网络的数据传输速率远高于过去的蜂窝网络，最高可达10 Gbit/s，比先前的4G LTE蜂窝网络快100倍。5G具备超大的带宽传输能力，即使是看4K高清视频、360度全景视频以及VR虚拟现实体验，都不会出现卡顿的情况
时延很低	5G的新场景是无人驾驶、工业自动化的高可靠连接。人与人之间进行信息交流，虽然可以接受140毫秒的时延，但对于无人驾驶和工业自动化领域而言，却很难满足要求。5G对时延的最低要求是1毫秒，甚至更低

2. 5G 的价值

作为一种新生事物，5G 到底能给我们带来什么？

（1）5G 赋能全场景连接。5G 能大幅提升连接体验，满足人们不断增长的上网需求。通过更快速的网络、更高清的屏幕探索更广阔的网络世界，是人们的基本需求。从 3G 到 4G，网络能力不断提升，智能手机的屏幕越来越大，分辨率越来越高。但智能手机的屏幕越大，越会影响人们使用的便携性。只有超越手机屏幕，才能让人们更自由、更沉浸地体验网络世界。于是，我们进入了 5G 时代。

在这个新的时代，网络能力进一步提升，出现了 VR、AR 等各种可穿戴设备，多终端、多屏幕、多场景等无缝连接体验也成为大趋势。5G 带来了连接体验的大幅升级。这种连接不会局限于智能手机，而是将智能手机、智能穿戴、智能家居等进行全场景连接，给人们的日常生活带来便利。

通过 5G，视频通话、视频娱乐、个人数据等就能在不同终端间无缝切换，将个人、家庭、办公室、汽车等不同场景实现无缝连接和互动，为消费者带来全场景的连接体验，让消费、教育、居家娱乐、出行、办公等更便利。

（2）5G 让人工智能无所不及。如今，人工智能已经走进我们的日常生活和工作，5G 与人工智能的融合，让世界拥有了无限可能。5G 连接万物产生的海量数据，不仅让人工智能变得更加聪明，加速了人工智能普及，更让人们的生产生活更加高效便利，具体表现在以下几方面：

①基于大带宽、低时延能力，5G 网络可以将数百亿终端产生的海量数据实时上传到云，为云端人工智能运算提供无穷算力，实时进行运算和处理，缩短训练周期；

②云端的算力应用到终端，可以减少终端对本地运算能力的要求，降

低终端成本，解锁终端的资源限制，提升用户体验；

③5G 网络能将云端人工智能的运算结果快速下载到所有终端，使人工智能的应用普惠化；

④5G 将促进人工智能技术加速成熟，在人们日常工作和生活中发挥越来越重要的作用，比如，语音实时识别、机器实时翻译、车牌识别、制造业产品检测等。

（3）5G 让"云"触手可及。随着互联网和 4G 的落地应用愈加成熟，在企业上云等需求的推动下，云计算迅猛发展。进入 5G 时代，人工智能的加速发展，必然会激发出海量云存储和无尽的云算力需求。现在，云的技术和服务模式已经成熟，而数亿终端的连接需求和人工智能的普及将成为云高速发展的催化剂。

首先，5G 会激发全球海量存储的需求。受限于本地存储能力不足，2019 年增加的近 40ZB 数据中，只有 2% 不到的数据得到保存。未来，5G 大带宽能力将使海量数据保存在云端成为可能。

其次，5G 会激发无尽算力的需求。受限于本地计算能力不足，现在只有不到 10% 的数据得到分析和应用。5G 将使每个终端都可以随时随地拥有云端的无尽算力。

（4）5G 加速各行各业的数字化。5G 的最大使命是助力各行各业实现数字化转型，推动数字经济加速发展。

目前，5G 推动行业数字化的进程正在加速，在智慧医疗、远程教育、智慧园区、商旅文等四大行业里，5G 应用已经成熟，并开始规模复制。2020 年 6 月 30 日，在 GSMA 举办的新基建与企业数字化论坛上，华为无线网络首席营销官甘斌发表了《5G=5"机"，新价值，新机遇》的主题演讲。甘斌表示，目前，我国已有 300 多家医院部署了 5G，有 50 万所学校、30 万个园区、10 万家酒店、数万个商场购物中心也将启动 5G 商用部署。

此外，电力、矿业、制造、钢铁、港口、油气等行业，也正在进行5G应用技术验证或预商用验证。相信随着5G不断规模的部署和应用的成熟，5G将赋能更多行业实现数字化、智能化升级，为经济增长增添更多的新动能。

四、链

区块是很多交易数据的集合，是包含交易信息的区块从后向前有序连接起来的数据结构，其特征如下。

（1）去中心化。去中心化是区块链最基本的特征，区块链不依赖于中心化机构，实现了数据的分布式记录、存储和更新。在生活中，比如淘宝购物，用户的钱就是由支付宝等机构进行管理和储存的。转账、消费时，在账户余额上做减法；收款时，做加法。用户的个人信息也被储存在支付宝的数据中，这都是中心化的。可是，如果支付宝的服务器受到损坏，导致数据丢失，用户的记录就会被销毁，交易无法查询。遇到特殊情况，还会被查封、冻结、无法交易，甚至会由于一些不可抗力因素导致数据销毁、存在支付宝内的资金无法追回等。

而由区块链技术支撑的交易模式则完全不同，买家卖家可以直接交易，无须借助任何第三方支付平台，也不用担心信息被泄露。去中心化的处理方式简单便捷，如果中心化交易数据过多，采用去中心化的处理方式，还会节约很多资源，不仅能让整个交易自主简单，还能排除被中心化控制的风险。

（2）全球流通。区块链资产首先是基于互联网的，只要是互联网存在的地方，区块链资产就能进行流通。这里的互联网可以是万维网，也可以是各种局域网，所以，区块链资产是全球流通的。只要有互联网存在，就能把区块链资产转账。与中心化方式相比，区块链资产在全球流通的转账手续费较低，比如，比特币早期转账手续费为 0.0001BTC，且资产到账也很快，通常几分钟到 1 小时就能到账。

（3）公开透明。区块链系统是公开透明的，不仅交易各方的私有信息会被加密，数据对全网节点还是透明的，任何人参与节点都能通过公开的接口查询区块链数据记录或开发相关应用，这是区块链系统值得信任的基础。区块链数据记录和运行规则可以被全网节点审查、追溯，具有很高的透明度。

（4）信息不可篡改。区块链系统的信息一旦被验证并添加至区块链，就会得到永久存储，无法更改。区块链的数据稳定性和可靠性都非常高，必须同时控制系统中超过 51% 的节点，否则基于单个节点对数据库的修改都是无效的。哈希算法的单向性是区块链网络实现不可篡改性的基础技术之一。

（5）匿名性。任何人都无法知道你在区块链有多少资产、跟谁进行了转账。这种匿名性是不分程度的，比特币的匿名性是最基础的，在区块链网络上只能查到转账记录，却不知道背后的地址是谁，但一旦知道该地址背后对应的人，也就知道了其所有转账记录和资产。

（6）自治性。区块链采用基于协商一致的规范和协议，比如，一套公开透明的算法。整个系统的所有节点都能在去信任的环境自由安全地交换数据，对人的信任也变成了对机器的信任，人为干预都无法发挥作用。

区块链的真正价值如表 11-5 所示。

表11-5　区块链的真正价值

价值	说明
激发创新活力	数字经济时代，数据资源变得越来越重要。基于区块链的分布式、不可篡改、可追溯、透明性、多方维护、交叉验证等特性，数据权属可以被有效界定，数据流通能够被追踪监管，数据收益能够被合理分享，这样就为数据生产要素及其他数字资产的高效市场化配置扫除了障碍，能够推动整个社会和数字经济向着更可信、共享、均衡的方向发展，进一步释放数字经济的活力

续表

价值	说明
加快价值传递的速度	"互联网+"的运用，让相关行业发生了天翻地覆的变化，人们的生活也变得更加便捷，经济活动变得更加活跃，社会变得更加公平和开放。可是，互联网主要解决的是信息的传播问题，既无法辨别信息内容的真假，数字资产的转移也存在很多制约；同时，互联网虽然给人们带来了巨大便利，但也充斥着越来越多的虚假信息，甚至还是新型欺诈行为的"温床"。基于区块链技术，可以构建下一代可信任互联网，解决传统互联网的陌生人信任问题，让数字资产在互联网上高效流通；可以有效保护互联网上的数字资产和知识产权，提高资产交易的便捷性
建立"标准化"和共识机制	一方面是区块链应用，比如："区块链+金融""区块链+保险""区块链+医疗健康"等；另一方面是"区块链+物联网"，只有将物联网场景跟区块链协议融合到一起，才能让物联网发挥出更大的价值。从一定意义上来说，区块链充当了"价值"的翻译器。在农业、工业、商品流通和供应链传递的过程中，很多环节都没有实现标准化，而这恰恰是区块链的用武之地

五、云技术

云技术，是基于云计算商业模式应用的网络技术、信息技术、整合技术、管理平台技术、应用技术等的总称，按需所用，灵活便利。随着互联网行业的高速发展和应用，每个物品都可能存在自己的识别标志，都需要传输到后台系统进行逻辑处理，不同级别的数据将会被分开处理，各行业数据都离不开强大的系统后盾支撑，只能通过云计算来实现。

1.云计算的关键技术

云计算的关键技术主要包括以下几种。

（1）虚拟化技术。虚拟化技术是指计算元件在虚拟的基础上运行，可以扩大硬件的容量，简化软件的重新配置过程，减少软件虚拟机相关开销，支持更广泛的操作系统。采用这种技术，可以将软件应用与底层硬件进行隔离，既包括将单个资源划分成多个虚拟资源的裂分模式，也包括将多个资源整合成一个虚拟资源的聚合模式。虚拟化技术根据对象可以分为存储虚拟化、计算虚拟化和网络虚拟化等。在云计算实现中，计算系统虚拟化是所有建立在"云"上的服务与应用的基础。虚拟化技术主要被运用到 CPU、操作系统、服务器等多个方面，是提高服务效率的最佳解决方案。

（2）海量数据管理技术。云计算需要对分布的海量数据进行处理和分析，数据管理技术必须高效管理大量数据。云数据存储管理形式不同于传统的 RDBMS 数据管理方式，如何在规模巨大的分布式数据中找到特定的数据，也就成了计算数据管理技术必须解决的问题。同时，管理形式不同，传统 SQL 数据库接口无法直接移植到云管理系统。另外，在云数据管理方面，如何保证数据安全性和数据访问高效性，也是值得关注的重点问题。

（3）云计算平台管理。云计算资源规模庞大，服务器数量众多并分布在不同地点，同时运行着数百种应用，为了对这些服务进行有效管理，就要保证整个系统提供不间断的服务。使用云计算系统平台，能让大量服务器协同工作，有效进行业务部署和开通，快速发现和恢复系统故障，通过自动化和智能化的手段实现大规模运营。

（4）分布式数据存储。云计算系统由大量的服务器组成，可以为大量用户提供服务。云计算系统采用分布式存储的方式存储数据，用冗余存储的方式保证数据的可靠性。冗余的方式通过任务分解和集群，用低配机器替代超级计算机的性能来保证低成本，保证了分布式数据的高可用、高可靠和经济性，即为同一份数据存储多个副本。

（5）编程方式。云计算提供了一种分布式计算模式，客观上要求必须有分布式的编程模式。云计算采用了思想简洁的分布式并行编程模型 Map-Reduce。这是一种编程模型和任务调度模型，主要用于数据集的并行运算和并行任务的调度处理。在该模式下，用户只要自行编写 Map 函数和

Reduce 函数就能进行并行计算。

2. 云计算带来的好处

从概念出现到逐渐成熟，云技术在企业生产制造及经营管理中发挥的作用越来越重要。在国际竞争日益激烈的背景下，采取上"云"来增强企业的竞争力，不仅是企业实现自身发展的客观需要，也是科技全球化的一个新要求。

对企业来说，上"云"，除了可以享受政策补贴外，还能带来哪些好处？

（1）从具体的生产制造过程来说，使用云技术，企业就能将各车间的生产数据上传到整个云驱动系统。通过对各车间的生产数据、生产数量等信息进行分析，企业就能制订更加具体的生产计划，优化生产的结构流程，提高企业的生产效率和生产水平，还能对设备运行监控，实现对设备的远程诊断和维护。

（2）从品牌建设及营销角度来看，用户能够利用海量的数据搭建区块模板，基于自身的业务需求，快速搭建企业的门户云平台，使用文字、图片、视频等方式将企业多维度展示出来，实现品牌价值定位，全方位展示企业优势。此外，还能将产业、行业、企业上下游等资源整合到一起，形成联盟圈，协同在线，互通信息，共享产品和服务。

（3）从企业管理角度来说，上"云"不仅能实现在线办公协同、计划管理、流程审批等，将用户关注的企业数据通过消息推送呈现出来，实时掌握企业动态；还能根据业务需求，灵活配置应用场景，完成业务融合和精算。

六、人工智能

人工智能（Artificial Intelligence），英文缩写为 AI，是计算机科学的一个分支，可以了解智能的实质，并生产出一种全新的智能机器。该领域的研究主要包括：机器人、语言识别、图像识别、自然语言处理和专家系统等，虽然不是人的智能，但能像人一样思考，也可能超过人的智慧。

作为一种新技术，人工智能释放了科技革命和产业变革积蓄的巨大能量，改变了人类生产生活方式和思维方式，促进了经济发展和社会进步。

目前，人工智能正处于本轮发展浪潮的高峰，已经在日常生活中发挥了重要作用。

（1）安防。近些年来，中国安防监控行业发展迅速，视频监控数量不断增长，在公共和个人场所安装的监控摄像头总数已经超过了 1.75 亿。而且，在部分一线城市，视频监控已经实现了全覆盖。目前，安防监控行业的发展经历了四个阶段，分别为模拟监控、数字监控、网络高清和智能监控。每一次行业变革，都得益于算法、芯片和零组件的技术创新，以及由此带动的成本下降。

（2）家居。智能家居主要是基于物联网技术，通过智能硬件、软件系统、云计算平台构成一套完整的家居生态圈。用户可以远程控制设备，设备间可以互联互通，并进行自我学习，整体提升了家居环境的安全性、节能性、便捷性。近两年，随着智能语音技术的发展，小米、天猫、Rokid 等企业纷纷推出自身的智能音箱，不仅成功打开了家居市场，也为未来智能家居行业的发展培养了用户习惯。

（3）零售。人工智能在零售领域的应用已经十分广泛，无人便利店、智慧供应链、客流统计、无人仓 / 无人车等都是热门方向。京东自主研发的无人仓，用大量智能物流机器人进行协同配合，通过人工智能、深度学习、图像智能识别、大数据应用等技术，让工业机器人可以自主进行判断和行为，完成各种复杂的任务，商品分拣、运输、出库等环节实现自动化。

（4）医疗。尽管智能医疗在辅助诊疗、疾病预测、医疗影像辅助诊断、药物开发等方面发挥着重要作用，但由于各医院之间医学影像数据、电子病历等信息不流通，导致企业与医院之间合作不透明，使得技术发展与数据供给之间存在矛盾。未来如果借助人工智能，相信能很好地解决这些问题。

（5）物流。通过智能搜索、推理规划、计算机视觉以及智能机器人等技术的运用，运输、仓储、配送装卸等流程已经完成了自动化改造，能够基本实现无人操作。比如，利用大数据对商品进行智能配送规划，优化配置物流供给、需求匹配、物流资源等。

（6）教育。AI和教育的结合能够在一定程度上解决教育行业师资分布不均衡、费用高昂等问题，从工具层面给师生提供更有效的学习方式，但无法对教育内容产生实质性影响。

第三节　数字技术赋能智慧园区的发展方向

一、优化用户体验

业务的成功始于客户体验，并以客户体验结束。研究发现，90% 的买家愿意花更多的钱来获得更好的客户体验。可见，良好的购物体验对客户异常重要。

大数据是帮助智慧园区优化客户体验的主要工具。随着分析技术的发展，智慧园区已经能够在社交媒体评论和反馈调查之外进行更深入的客户分析。利用多来源的复杂数据集，能在更清晰地了解客户行为的基础上获得更高的销售数字和改进的客户服务。

智慧园区如果想优化客户体验，可以从以下几方面做起。

（1）提供多渠道支持。智慧园区可以通过 amocrm 等工具提供多渠道支持，将个性化服务提升到更高层次。虽然有些客户喜欢通讨电话与智慧园区互动，但其他客户更喜欢社交媒体或电子邮件。智慧园区不仅要想办法满足个别客户的偏好，还要保持所有可能渠道的有效沟通。当然，即使客户有个人喜好，但不管他们使用哪种方法，使用的每种媒介都应在最高级别运行，否则，智慧园区可能会错过很多与用户互动的机会。这就是大数据能够指导智慧园区改善客户服务功能的地方。

（2）提高对目标受众的理解。过去，园区严重依赖观察和互动数据，虽然这些信息确实能够为园区决策提供帮助，但对信息的组织和汇总却异常困难，提供的参考也非常有限。为了加强对客户的了解，智慧园区就要对个别客户的数千个数据点进行审查。凭借这种洞察力，智慧园区就能满足特定的子群体，从而增加客户群。

（3）定制客户体验。利用大数据，智慧园区能够满足个别用户的需求和愿望，不采用"一刀切"的策略来对待每一位客户。由此，智慧园区能扩大忠诚客户基础，推动长期业务增长。数据显示，只要将客户保留率提高5个百分点，智慧园区的利益就能增加25%。

（4）查看完整的客户旅程。借助大数据，不仅能构建核心受众，还有助于更全面地了解整个客户流程。过去，园区只能依靠即时客户互动来研究客户行为和趋势，借助大数据，却能在交互之前、之中和之后多角度跟踪客户行为。

（5）帮助客户节省时间。对于大客户来说，节省时间是一件大事，而大数据提供了无数的方法来帮助客户节省时间。智慧园区使用大数据来预测未来的服务、检测产品问题并在交付时进行实时跟踪，能为客户节省时间。

二、助力业务增值

如今，大数据越来越多地被应用于优化业务流程，比如供应链或配送路径优化，能够通过定位和识别系统来跟踪货物或运输车辆，并根据实时交通路况数据优化运输路线。

（1）人力资源业务流程可以使用大数据进行优化。比如，某公司在员工工牌里植入传感器，观察其工作及社交活动状态，包括员工在哪些工作场所走动、与谁交谈、交流时的语气如何，等等。

（2）在手机、钥匙、眼镜等随身物品上粘贴RFID标签，不小心丢失也能迅速定位。未来，可以创造出贴在任何东西上的智能标签，不仅会告诉你具体的东西在哪里，还可以反馈温度、湿度、运动状态等。如此，必然会打开一个全新的大数据时代，找到共性的信息和模式，孕育出其中的"小数据"，关注单个产品。

大数据紧紧围绕数据价值化展开，必然会开辟出广大的市场空间，重点在于数据将为整个信息化社会赋能。随着大数据的落地应用，大数据的价值将逐渐得到体现。目前，在互联网领域，大数据技术已经得到了较为广泛的应用。

三、提升运营管理能力

随着互联网、媒体、用户、市场的变化，园区过去使用的粗犷式运营已经不能有效提升效率和增加用户，为了找到新的运营方式，一些园区开始转变为 CPM（每千人成本）化的精细化经营，提升运营效率，能极大地提高企业广告的投放效率。

对智慧园区来说，提升运营管理能力，不仅能对目标用户群体或个体进行特征和画像的追踪，帮助智慧园区分析用户在某个时间段的内容特征和习惯，还可以形成一种根据用户特性而打造的专属服务。因此，数字化时代，智慧园区只有提高运营能力，才能更好地从管理、营销等方面提升用户服务体验，同时根据差异化的服务让运营更加精细化。

大数据对于智慧园区运营管理的价值，主要表现在三个重要维度：帮助智慧园区了解用户来自哪些渠道；用户关注什么；用户是新关注的，还是老用户。认真分析这三个维度，智慧园区就能决定自己的投放策略和方向，这就是大数据给园区运营带来的重要价值。

首先，分析用户从哪些渠道进来，可以帮助智慧园区发现更多流量的来源以及需要在哪些渠道加强投放。比如，用户是来源于微博、微信和论坛，还是门户网站，以此为根据，智慧园区就能不断调整营销投放，发现最能吸引用户的渠道。如果没有挖掘到，还可以继续深挖。

其次，在分享用户关注什么方面，通过用户对产品的点击、话题的讨论、内容的转发等进行大数据分析，帮助智慧园区找到用户喜欢的兴趣点和接受内容的方向，便于园区在运营内容和形式上及时作出调整。

最后，通过对新、老用户的观察分析，园区在进行运营管理时，就能了解并掌握用户的生命周期，知道什么时候该对什么样的用户进行内容营销，以及帮助智慧园区找到激活老用户的方法。

后记

未来，无限可能
——数字经济将开启下一轮经济周期

当下，数字技术已经广泛渗透生产生活领域和公共治理领域，带来了更便捷的用户体验。大数据、人工智能、物联网等信息技术的运用，不仅有利于经济发展空间的拓展，还能优化经济结构、转换增长动力。从这个意义上来说，借助数字技术，推动经济的新一轮增长，也是数字经济快速发展的过程。

由此可以预见，数字经济时代，依托"数字"的强大功能，未来必然会爆发无限可能！

（1）制造业向数字化、智能化成功转型。如今，我国制造业已经着手数字化和智能化转型，虽然目前的发展水平还比较低、信息平台场景化应用不够，但只要加快产业互联网发展，相信在不远的将来，必然能实现"上云用数赋智"，促进研发、生产、经营、销售等全流程的数字化转型，在生产与金融、物流、市场等之间搭起一座便捷的桥梁，实现供需的精准对接，推动制造业向数字化、智能化的转型。

（2）服务业向数字化成功转型。如今，以无接触服务为代表的新业态已经出现。服务业特别是生活服务业线下场景开始上线，服务业数字化转型明显加快。未来，线上服务的增长势头必然会更加强劲，发挥消费互联网的领先优势，建立起配套的数据规范和标准，推动业务流程的全链条数字化。

（3）社会治理向数字化成功转型。如今，智慧城市、交通管理、农产品供应链、灾难预警、应急灾备、信息溯源等数字化应用已经获得迅速发展，未来必然会进一步推动社会治理数字化，加快智慧城市、数字政府和数字社区等建设，提升公共服务效率，加快政府职能转变和流程再造。

（4）金融业向数字化成功转型。如今，以互联网企业为代表的新兴科技企业已经开始布局金融科技，并在网络支付等领域占据了主导地位。传统金融机构的投资规模也在不断加大，只要抓住机遇，加快业务数字化转型步伐，必然会大大提高金融业的数字化水平和经营效率。

（5）新型基础设施建设。新基建，其实就是服务数字经济的基础设施，主要包括5G、数据中心、人工智能、物联网等，也包括传统基础设施的数字化智能化改造。随着新基建的进一步发展，不仅会带动更多投资，还能突破产业联系的时空约束，降低交易成本，提高生产效率。

一言以蔽之，只要抓住数字经济的精髓，提高数字技术的研发力度，就能占领国际竞争的制高点，为经济发展注入新的活力。可以预见，在不远的将来，全球经济必将迎来新一轮创新高潮，借助大数据、人工智能、物联网等新科技，新的产业生态必将重新构建，焕发出更强大的活力，对我们的生活和生产方式产生更加广泛而深刻的影响。